药物合成

原理与实例速成实例篇

闻永举 郭孟萍 申秀丽 编著

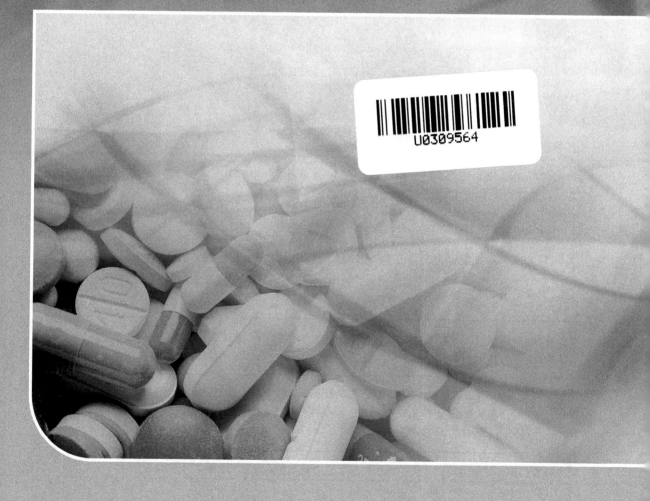

化学工业出版社
·北京·

《药物合成原理与实例速成实例篇》共十一章，内容包括中枢系统药物、外周神经药物、循环系统药物、消化系统药物、解热镇痛抗炎药物、抗肿瘤药物、抗生素类药物、化学治疗药物、降糖及利尿药物、激素类药物、维生素类药物。共收集 180 多种合成路线，对合成路线中的主要反应给予机理推导，详细分析反应中电子流向、共轭效应、场效应、位阻效应，涵盖了烃化反应、卤化反应、酰化反应、酯化反应、缩合反应、氧化反应、还原反应等的众多实例。将有机化学、药物合成反应中的基本原理与药物化学、有机药物合成路线密切联系起来。

本书可供高等学校化学、药物化学、应用化学、药学、制药工程、化工等专业的师生使用。也可作为从事有机合成、药物合成研究与开发、天然药物结构修饰的科研人员、生产人员的案头工具书。

图书在版编目（CIP）数据

药物合成原理与实例速成实例篇/闻永举，郭孟萍，申秀丽编著. —北京：化学工业出版社，2017.7（2019.1 重印）
ISBN 978-7-122-29785-3

Ⅰ. ①药…　Ⅱ. ①闻…②郭…③申…　Ⅲ. ①药物化学-有机合成　Ⅳ. ①TQ460.31

中国版本图书馆 CIP 数据核字（2017）第 118042 号

责任编辑：闫　敏　江百宁　　　　　　　　文字编辑：杨欣欣
责任校对：宋　玮　　　　　　　　　　　　装帧设计：张　辉

出版发行：化学工业出版社（北京市东城区青年湖南街 13 号　邮政编码 100011）
印　　装：北京虎彩文化传播有限公司
787mm×1092mm　1/16　印张 16　字数 387 千字　2019 年 1 月北京第 1 版第 2 次印刷

购书咨询：010-64518888　　　　　　　售后服务：010-64518899
网　　址：http://www.cip.com.cn
凡购买本书，如有缺损质量问题，本社销售中心负责调换。

定　　价：59.00 元

前 言

FOREWORD

在药物合成领域，现有药物分子的工艺优化或新合成路线的设计、天然产物的结构修饰与优化、新化合物的设计与合成，均需要坚实厚重的有机合成知识。一般的"有机化学"课程的重点主要集中在有机化合物的性质、基本反应阐述，缺乏具体的药物合成实例。"药物化学"虽有一定的合成路线，却缺乏机理解析。"药物合成反应"主要集中在药物合成反应的归类，如烃化反应、酯化反应、缩合反应、卤化反应、酰化反应、氧化反应、还原反应，缺乏具体药物合成路线，合成路线综合解析少。这导致上述三门课程彼此独立，关联性差，致使学生兴趣少，实际的教学费时多，效率低，融会贯通差。因此本书在《药物合成原理与实例速成基础篇》的基础上，介绍经典药物的合成路线，并对其机理进行综合分析。这样，一方面通过大量的实例的机理解析，加深与巩固有机合成基本原理；另一方面通过剖析合成原理，反过来强化学生对合成路线的记忆。二者相互辅助，使合成原理不再枯燥，合成路线不再呆板，从而有利于学生快速学习和记忆。

本书收集的合成路线总量达到 180 多种，书中对其合成路线的机理进行了详细的推导与分析。所选用的药物为常用药物、经典药物，规划教材《药物化学》中的合成路线被全部选取。此外，还选取了一些知名药物的合成路线。这些药物是药学专业、制药工程专业的本科、专科层次所学的骨干药物，亦为执业药师的必考药物，学生已有所掌握，故其性状、用途等不再说明，直接对合成路线的机理进行分析，以求简明扼要。本书中 Me、Et 等化学基团或官能团简写，同"有机化学"教材中一致，故也不再重复说明。

本书中的药物按照"结构＋用途"分类，贴近学生所熟悉的"药物化学"教材中的分类法，增加亲切感。在对化合物合成路线的分析中，采用阿拉伯数字分步解析，对于复杂机理，采用分步说明，亦给出了 a、b、c、d 等电子流动顺序，使之逻辑连贯，层次清楚。对于特别复杂的，还给出了机理解说，以求化繁为简，从而使所学者清晰、明了，既有利于讲解，也有利于自学。希望通过众多的实例分析，使读者能获得扎实的化学反应知识，优化更多药用分子的合成工艺，更好地设计和合成新化合物，从而为我国的药物研发和生产事业，做出更大的贡献。

本书可供高等学校化学、药物化学、应用化学、药学、制药工程、化工等专业的师生使用。也可作为从事有机合成、药物合成研究与开发、天然药物结构修饰的科研人员、生产人员的案头工具书。

本书由闻永举、郭孟萍、申秀丽编著。

由于编者水平有限，不当之处在所难免，敬请读者和同行加以指正。

编著者

目 录
CONTENTS

2 第二章

外周神经药物

3 第三章

循环系统药物

中枢系统药物

第一节
镇静催眠药及抗焦虑药

地西泮

合成路线：

参考文献：郑虎主编．药物化学［M］．6 版．北京：人民卫生出版社，2010：18.

【机理分析】

1→2：硫酸二甲酯，因 O 的 p-π 共轭效应，增加了 O 的吸电子能力，导致甲基的正电荷增加。在物质 1 中，因 O 的孤对电子发生 p-π 共轭效应，提升了 N 的电子云密度，有利于 N 进攻硫酸二甲酯分子中的甲基，生成 2。

2→3：在铁粉作用下，通过自由基还原，再经重排，产生 N 负离子，从环境中夺取质子，生成3。

3→4：氯代乙酰氯中，因酰氯中 O 和 Cl 的吸电子作用，导致酰氯中 C 的正电荷很强，有利于 N 的孤对电子进攻，生成 N 正离子，然后脱去质子，即得4。

4→5：德莱平（Delepine）反应及席夫（Shiff）碱反应。乌洛托品将羰基的 α-Cl 还原成伯胺，选择性好。

唑吡坦

合成路线：

参考文献：郑虎主编. 药物化学［M］. 6 版. 北京：人民卫生出版社，2010：22.

【机理分析】

1→2：伯氨基上 N 的孤对电子优先进攻正电性更强的羰基（强于 α-溴代碳），经分子内 H⁺ 转移，然后脱水。环上 N 的孤对电子进攻 α-溴代碳，产生活性亚甲基，经过脱 H⁺，重排即得 2。

2→3：甲醛与二甲胺在酸的催化下，生成亚胺正离子。甲基向苯环供电子（σ-π 超共轭），导致苯环的对位带负电荷，影响咪唑环上碳碳双键；吡啶环上 N 的孤对电子向亚胺（g 方向）共轭，吸引咪唑环上碳碳双键。上述两种情况故导致咪唑环上碳碳双键中碳负电荷进攻亚胺正离子，脱去质子，即得 3。

3→4：胺的甲基化。

4→5：—CN 取代季铵。

5→6：—CN 在酸液中水解为羧酸。

6→7：羧酸先通过 POCl₃ 氯化为酰氯，再通过二甲胺成为酰胺。整个反应是一个加成、消除、再加成、再消除的过程。

酒石酸唑吡坦

合成路线：

参考文献：周伟澄主编. 高等药物化学选论 ［M］. 北京：化学工业出版社，2006：377.

【机理分析】

1→2：羰基-α-溴代反应，通过烯醇转变而成。

2→3：席夫碱反应，N 的烃化反应。

佐匹克隆

合成路线：

参考文献：

［1］ 周伟澄主编. 高等药物化学选论 ［M］. 北京：化学工业出版社，2006：376.

［2］ 陈仲强，陈虹主编. 现代药物的制备与合成：第一卷 ［M］. 北京：化学工业出版社，2011：290-291.

【机理分析】

1→2：酸酐的胺解，机理略。

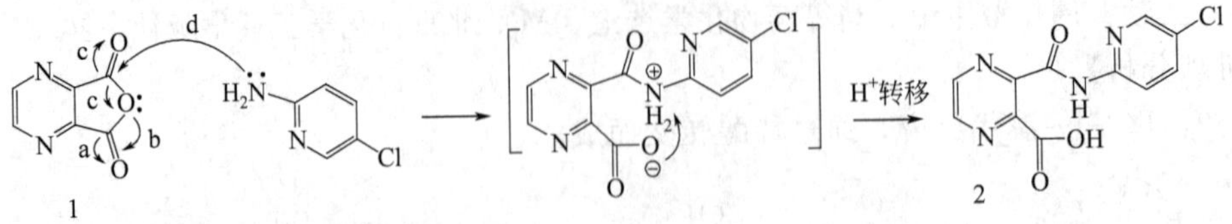

2→3：制备酸酐，酸酐通过胺解过程，形成关环，产物较为稳定。

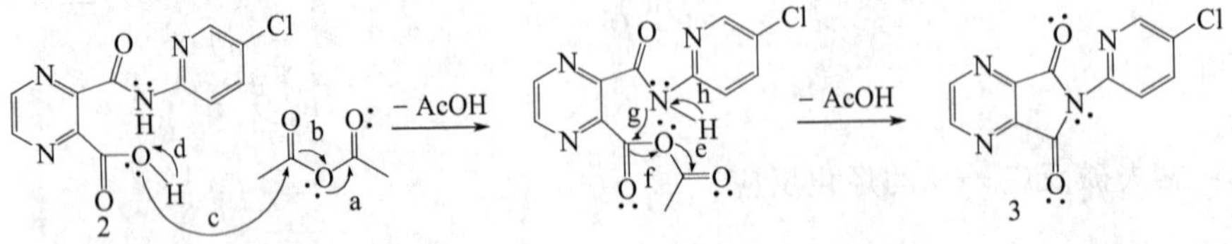

3→4：酰胺还原。N 的孤对电子存在三个方向共轭，导致 N 向每个方向共轭的能力较低，与此同时，吡嗪为吸电子基（b 方向），a 方向羰基吸电子正电性较强，详见结构式"背景"。3 经过硼氢化钾还原，生成氧负离子，再从水中夺取一个质子，OH⁻ 则与 B 结合，即得。

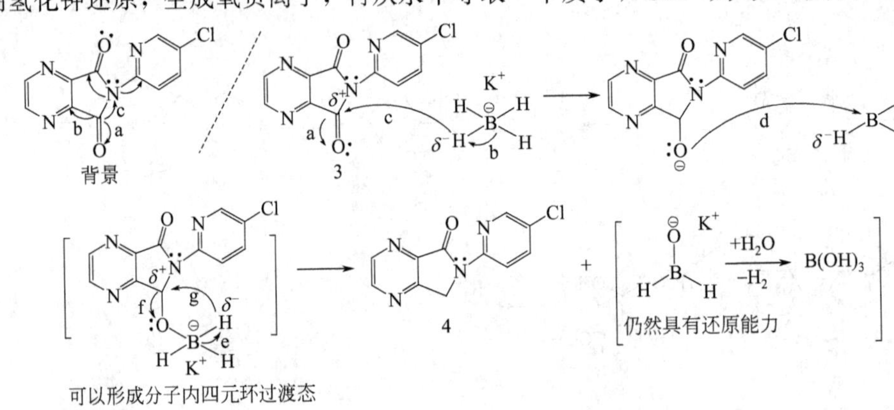

可以形成分子内四元环过渡态

4→5：酰氯酯化。

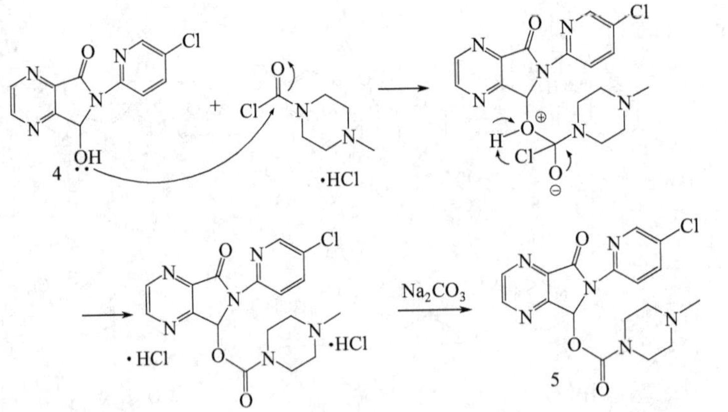

右佐匹克隆

合成路线：

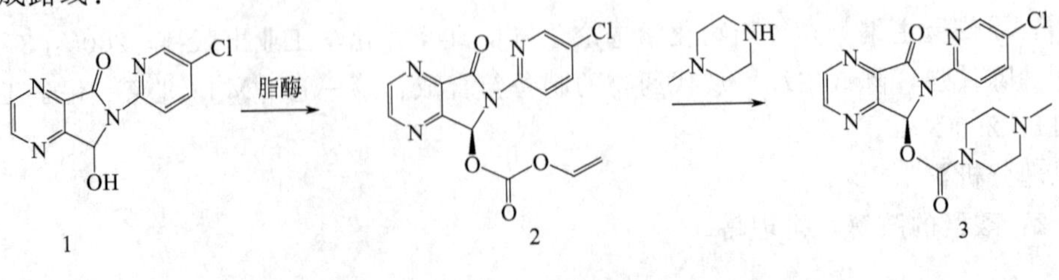

参考文献：周伟澄主编.高等药物化学选论［M］.北京：化学工业出版社，2006：379.

【机理分析】

1→2：酶合成，机理略。

2→3：酯的胺解。

扎来普隆

合成路线：

参考文献：

［1］ 周伟澄主编.高等药物化学选论［M］.北京：化学工业出版社，2006：378.

［2］ 陈仲强，陈虹主编.现代药物的制备与合成：第一卷［M］.北京：化学工业出版社，2011：291-293.

【机理分析】

1→2：硝化。乙酰基为吸电子基团，是间位定位基。

2→3：硝基还原，铁粉自由基还原，存在多机理的化学反应，各机理间相互竞争。

3→4：N 的乙酰化。

4→5：碳的烃化反应，难度较高。

5→6：N 的烃化反应，NaH 是强碱。

6→7：席夫碱反应，难挥发的 3-氨基-5 氰基吡唑取代易挥发的二甲胺，是反应的推动力。

第二节
抗癫痫及抗惊厥药

异戊巴比妥

合成路线：

参考文献：郑虎主编．药物化学．[M].6 版．北京：人民卫生出版社，2010：15.

【机理分析】

1→3：丙二酸二乙酯（1）中含有活性亚甲基，具有较强的酸性，在碱性条件下，脱去质子，生成碳负离子，进攻溴代烷，生成 2。2 在碱性条件下，继续被强碱乙醇钠夺取一个质子，生成碳负离子，进攻溴代乙烷，生成 3。先上大的基团，由于空间位阻的关系，生成的 α,α-二异戊烷丙二酸二乙酯副产物少。如果先上较小的基团，生成的 α,α-乙烷丙二酸二乙酯副产物多，整个工艺收率低。

3→5：尿素因 N 上孤对电子的 p-π 共轭，导致 N 上电子云密度降低，在强碱的作用下，失去质子，提升了 N 的电子云密度，有利于其进攻酯键。重复反应 2 次，生成 4，后经盐酸作用，生成 5。

卡马西平

合成路线：

参考文献：郑虎主编．药物化学 ［M］．6 版．北京：人民卫生出版社，2010：27．

【机理分析】

1→3：光气中的碳具有很强的正电性，N 上的孤对电子进攻光气中的正电性的碳，并脱去氯化氢。然后通过自由基反应，在苄位引入溴。

3→5：在分子 3 中，酰氯为吸电子基，通过苯环传递到苄位 H，有利于苄位 H 的离去。脱去 HBr，分子稳定性增加，处于有利态势。

第三节
抗精神病药

盐酸氯丙嗪

合成路线：

参考文献：郑虎主编. 药物化学［M］. 6版. 北京：人民卫生出版社，2010：30.

【机理分析】

1→2：自由基反应。Cu具有自由电子，可与自由基电子配对，起到电子传递作用。α-氯代苯甲酸，有吸电子作用，在高温下裂解为自由基，附着在铜粉的表面（与铜粉自由电子相互作用）。在高温下，吸附在铜粉表面的自由基会相互影响，产生移动。有时用氯化亚铜更容易产生自由基。

高温下极不稳定

2→3：自由基反应，可能存在多种机理竞争。

3→4：氧化，化合。

$$S,I_2 \underset{170℃}{\rightleftharpoons} \left[\delta^- I \overset{2\delta^+}{\underset{S}{\cdots}} I \delta^- \right] \xrightarrow{-2HI}$$

4→5：N 的烃化。

$$\xrightarrow{-H_2O} \quad + \quad \xrightarrow{} \quad 5$$

5→6：成盐。

$$+ HCl \longrightarrow$$

氟哌啶醇

合成路线：

$$1 \quad + \quad \xrightarrow[\triangle]{KI} \quad 2$$

参考文献：郑虎主编．药物化学［M］．6 版．北京：人民卫生出版社，2010：34.

【机理分析】

碘化钾在丙酮中溶解度大，且碘离子可极化性大，进攻氯代烷，生成碘代烷及氯化钾。氯化钾在丙酮中溶解度小，促使反应正向进行。哌啶环上 N 的孤对电子进攻碘代烷，即得。反应需要加入碱，用于除酸。

$$1 \xrightarrow{-Cl^-} \xrightarrow{-HI} 2$$

舒必利

合成路线：

$$1 \xrightarrow[\text{或 } CH_3I]{(CH_3)_2SO_4} 2 \xrightarrow{ClSO_3H} 3 \xrightarrow{NH_3} 4$$

参考文献：韩长日，宋小平主编．药物制造技术［M］．北京：科学技术出版社，2000：271-294.

【机理分析】

1→2：酚的甲基化。

2→3：氯磺化。

3→4：磺酰氯的氨解。

5→6：乙烯基的还原。H·自由基反应。

6→7：硝基甲烷的羟醛缩合。

7→8：碳碳双键、硝基的还原。H 自由基的还原反应，机理略。

4+8→9：酸成酰胺。

氯氮平

合成路线：

参考文献：周伟澄主编.高等药物化学选论［M］.北京：化学工业出版社，2006：408.

【机理分析】

1→2：羰基的硫代，通常用五硫化二磷。

2→3：硫的烃化，用对硝基苯，增加苄位的吸电子能力，有利于 3→4 中氮的烃化。

3→4：氮的烃化。

奥氮平

合成路线：

参考文献：周伟澄主编. 高等药物化学选论［M］. 北京：化学工业出版社，2006：409.

【机理分析】

1→3：N 的孤对电子，因 p-π 共轭，电子云密度低，通过 NaH 活化，增加了 N 的电子云密度，有利进攻 F—C，生成 2。硝基通过氯化亚锡还原，生成伯氨基，对氰基进行加成生成 3。

3→4：置换，脱氨，利用 NH₃ 易挥发，促使反应不断进行。

半富马酸喹硫平

合成路线：

参考文献：周伟澄主编. 高等药物化学选论 [M]. 北京：化学工业出版社，2006：410.

【机理分析】

1→2：胺解。因酯键中羰基吸电子作用（a），导致 N 上孤对电子进攻酯键中羰基（b），因电场排斥作用，脱去苯氧负离子（c）、N 正离子脱去质子（d），苯氧负离子与质子组成苯酚。

选择性：另一 N 上，虽也有孤对电子（e），但空间位阻大，烷基不如 H 易脱去，故难以进行反应。

2→3：醇的氯化。硫酰氯中 S＝O 吸电子（a），O 上孤对电子进攻 S＝O（b），因电场排斥作用，脱去 Cl⁻（c），氧正离子脱去质子（d）；因 O 的孤对电子和 S＝O 发生 p-π 共轭（e），增强了 O 的吸电子能力（f），同时 Cl⁻ 进攻（f），即 S_N2 反应，最后因场排斥效应，脱去 Cl⁻（g）。

3→4：酰胺的氯化。磷酰氯中 P＝O 吸电子（a），O 上孤对电子进攻 P＝O（b），因电场排斥作用，脱去 Cl⁻（c），氧正离子脱去质子（d）；因 O 的孤对电子和 P＝O 发生 p-π 共轭（e），增强了 O 的吸电子能力（f），同时 Cl⁻ 进攻（g）；硫的孤对电子发生 p-π 共轭（h），导致硫的邻、对位带负电荷，亚胺上的 N 吸电子（i），硫的邻位负电荷进攻亚胺（j），因电场排斥，脱去 Cl⁻（k）；苯环正离子（l）通过脱去质子（m），即得 4。

4→5：O 的烃化，为 S_N2 反应。

齐拉西酮

合成路线：

参考文献：周伟澄主编．高等药物化学选论［M］．北京：化学工业出版社，2006：411.

【机理分析】

1→2：傅克酰化反应，机理略。酰胺中的 N 上孤对电子向苯环供电子，导致 N 的邻、对位电子云比较丰富，带负电荷。因 N 的对位空间位阻最小，为优先反应。

2→3：酮的还原。硅有 3d 轨道，可以接受电子。

3→4：N 的烃化。

利培酮

合成路线：

参考文献：周伟澄主编．高等药物化学选论［M］．北京：化学工业出版社，2006：410.

【机理分析】

1→2：还原，H 自由基还原。

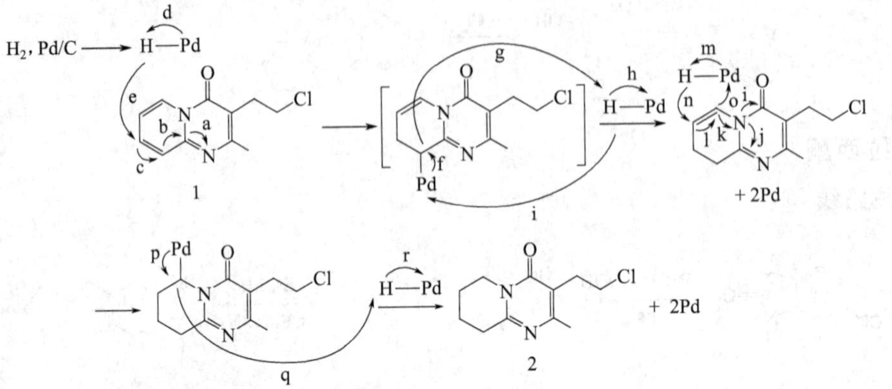

2→3：N 的烃化，碳酸钠起到除酸剂作用。提高产率。

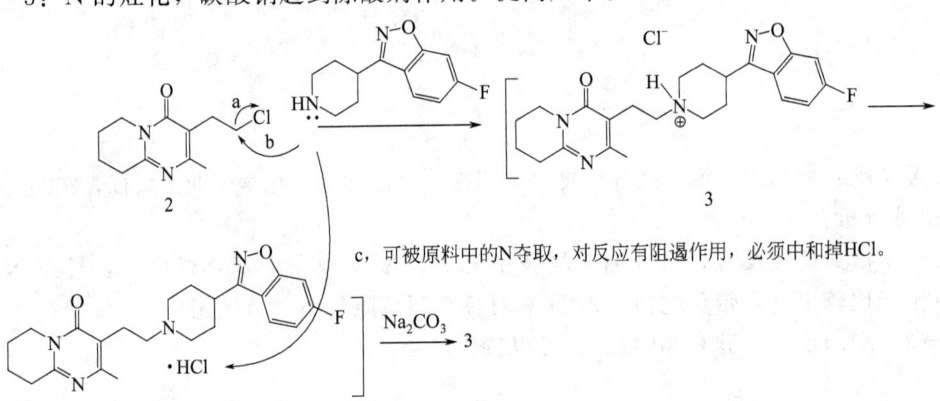

c，可被原料中的N夺取，对反应有阻遏作用，必须中和掉HCl。

阿立哌唑

合成路线：

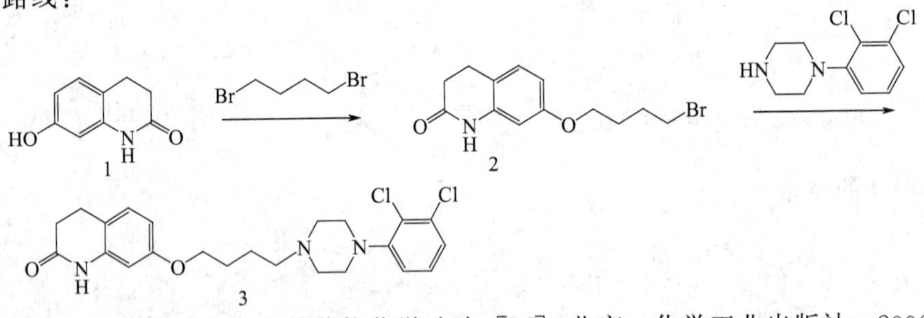

参考文献：周伟澄主编．高等药物化学选论［M］．北京：化学工业出版社，2006：412.

【机理分析】

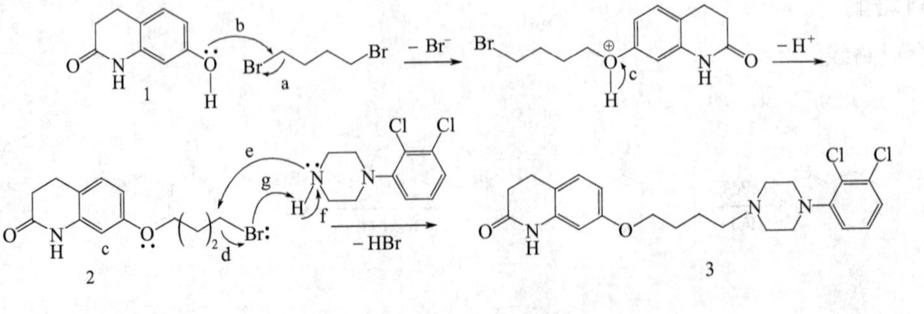

第四节
中枢镇痛药

盐酸美沙酮

合成路线：

参考文献：郑虎主编．药物化学［M］．6 版．北京：人民卫生出版社，2010：51．

【机理分析】

1→3：在环氧丙烷中，位阻较小，正电性更强的碳为 δ_1^+，优先受到二甲胺分子中 N 的孤对电子进攻，生成 2。

3→4：本反应需要加热，N,N-二甲基-2-氯丙胺中 HCl 不稳定，可与二苯乙腈形成盐，使二甲氨基游离出来，进行分子内关环，释放出 Cl^- 离子，Cl^- 再与二苯乙腈中的 H^+ 作用，在加热作用下释放出易挥发的 HCl。二苯乙腈中 C 负离子再对甲基-N,N-二甲基亚乙基亚胺进行开环反应。位阻小的碳正电性高，为主要反应位。难度较高。

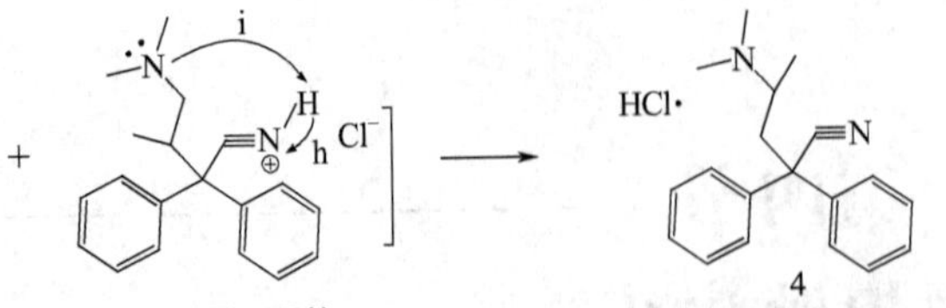

次要，溶于正己烷

主要，不溶于正己烷

4→5：格式试剂对氰基单加成，生成亚胺，然后水解（先和水加成，然后消除氨基）得到酮，再与盐酸成盐，即得。提供了由氰基制备酮的一种方法。

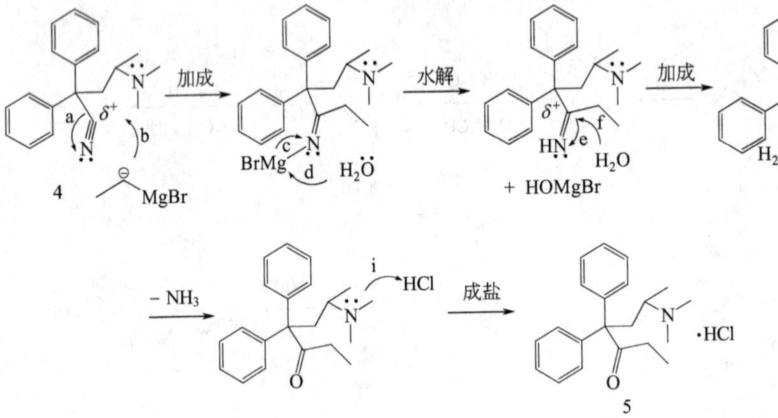

喷他佐辛

合成路线：

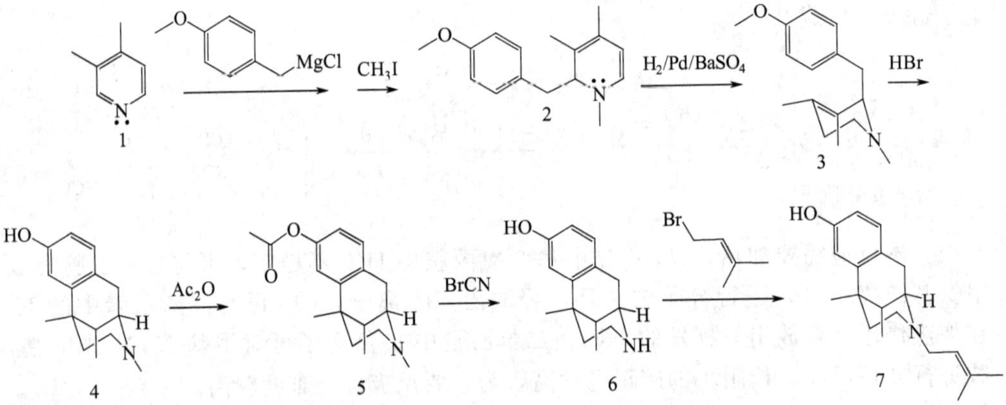

参考文献：郑虎主编．药物化学［M］．6版．北京：人民卫生出版社，2010：53.

【机理分析】

1→2：格氏加成，甲基化反应。

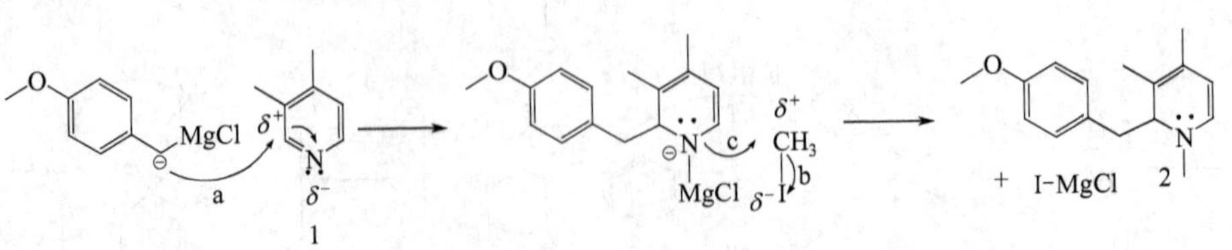

2→3：还原，H自由基催化还原。

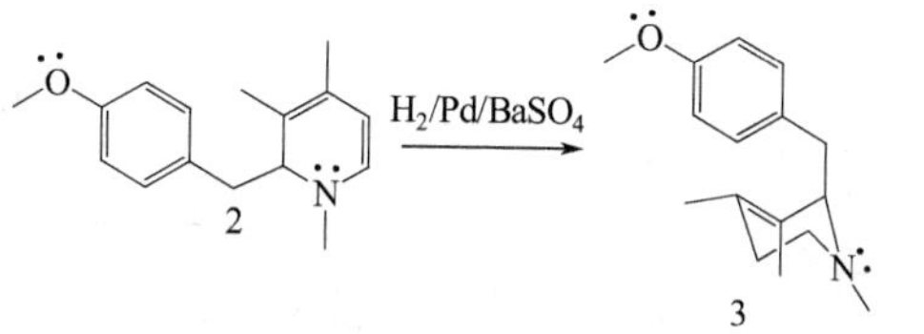

3→4：关环——傅克烃化反应；脱甲基反应。

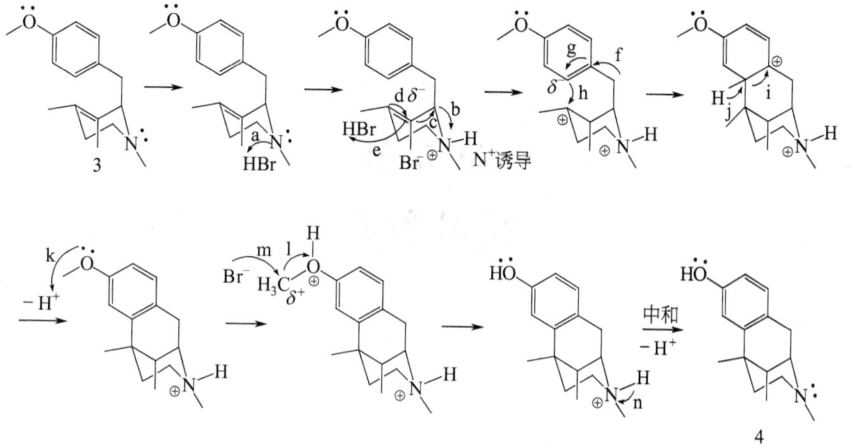

4→5：O 的酰化反应。目的是保护酚羟基，避免副反应发生。

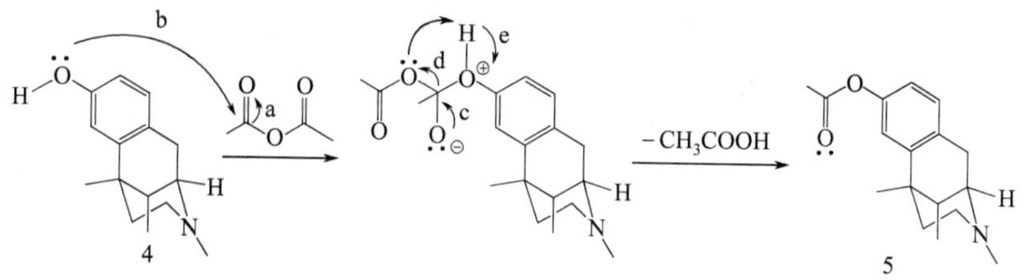

可能发生的副反应机理如下：

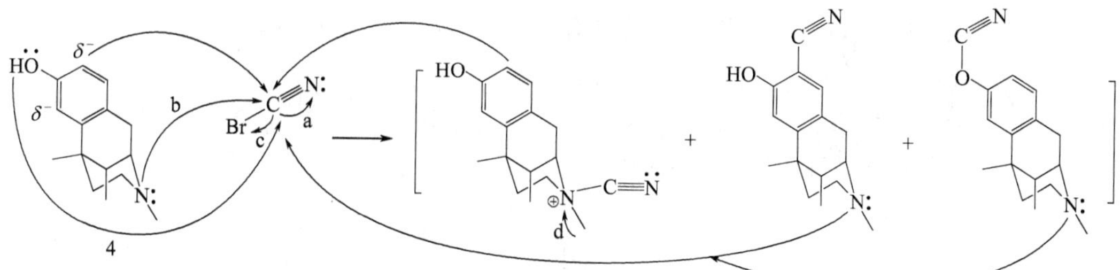

5→6：氮的去烃、水解反应。

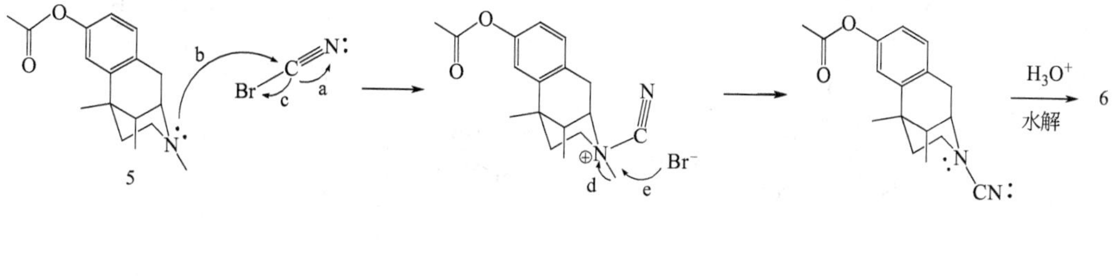

6→7：氮的烃化。

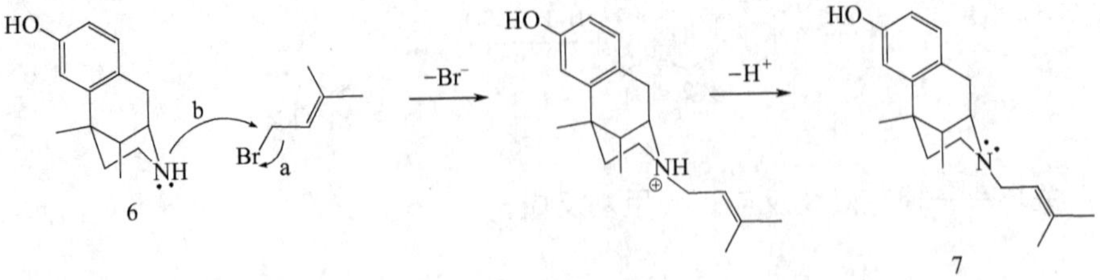

第五节
抗抑郁药

盐酸氟西汀

合成路线：

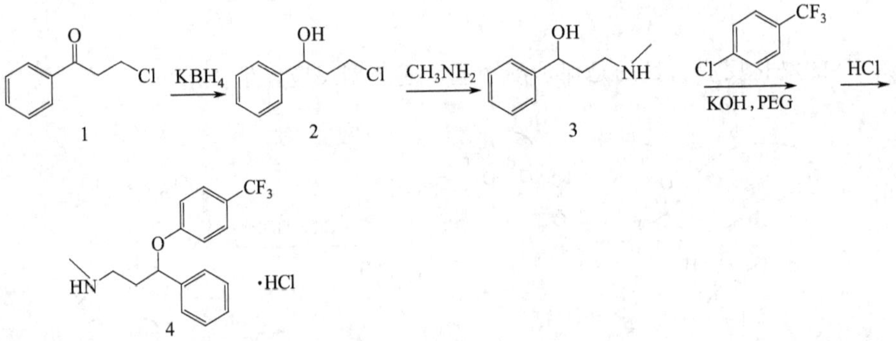

参考文献：周伟澄主编．高等药物化学选论［M］．北京：化学工业出版社，2006：392．

【机理分析】

1→2：羰基还原，KBH_4 中多个 H 均具有还原性，相互存在竞争。

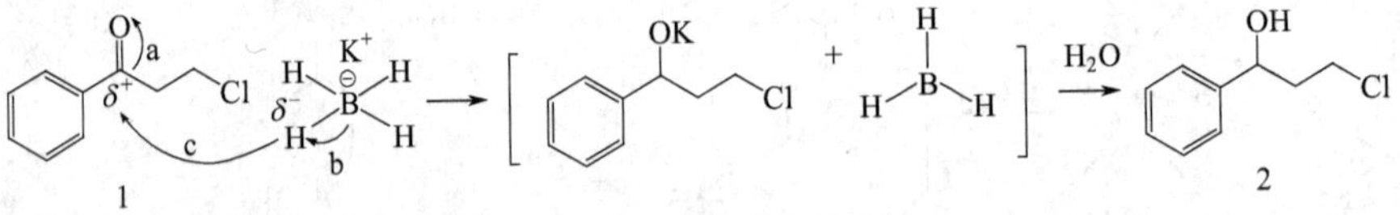

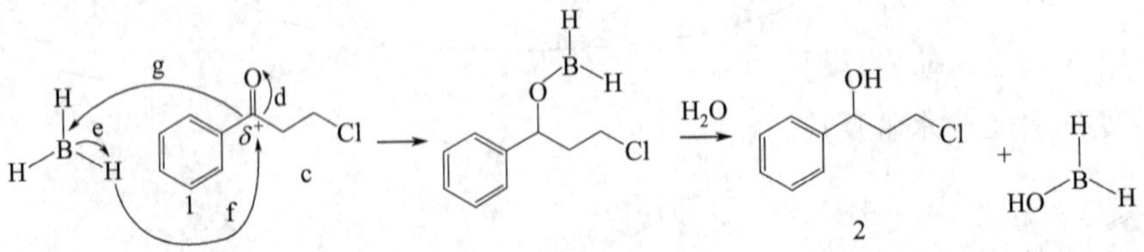

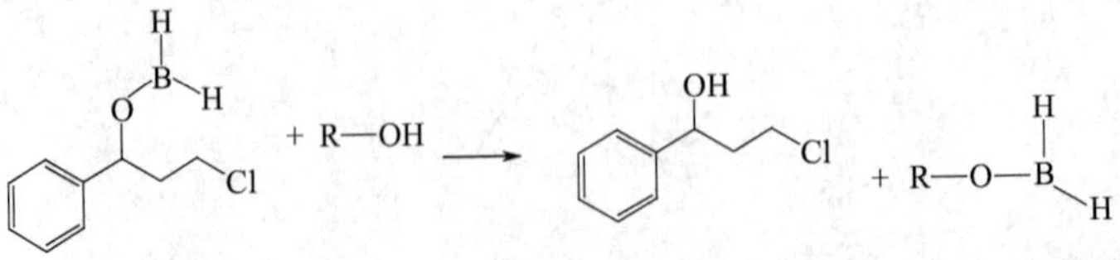

2→3：N 的烃化。

3→4：O 的烃化。因分子内氢键，N 的电子云密度降低，O 的电子云密度增加。由 O 的孤对电子进攻；因 Cl 和 CF_3 的吸电子基作用，Cl^- 易脱去。碱起到除酸作用，使反应进行完全。

帕罗西汀

合成路线：

参考文献：周伟澄主编. 高等药物化学选论 [M]. 北京：化学工业出版社，2006：392.

【机理分析】

1→2：酯的还原和酰胺的还原，二者是相互竞争关系，即二者同时发生。需要特别指出的是，酰胺键中羰基碳的正电性较酯键中羰基碳弱，但在本例中，酰胺为双 p-π 共轭，酰胺中两个羰基得到电子比单酰胺中羰基得到电子少，故本例中酰胺中羰基碳正电性有所提高。酯还原的机理如下：

酰胺的还原：

2→3：O 的烃化。通过氢键，提升了 O 的吸电子能力，有利于脱去。

3→4：N 去甲，水解，成盐。

舍曲林

合成路线：

参考文献：周伟澄主编．高等药物化学选论 ［M］．北京：化学工业出版社，2006：393.

【机理分析】

1→2：

2→3：还原，机理略。

3→4：拆分，成盐，机理略。

度洛西汀

合成路线：

参考文献：周伟澄主编．高等药物化学选论 ［M］．北京：化学工业出版社，2006：394.

【机理分析】

1→2：还原。

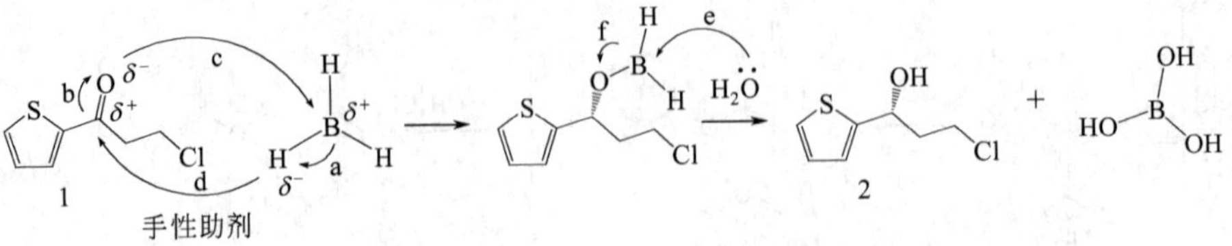

2→3：O 的烃化。

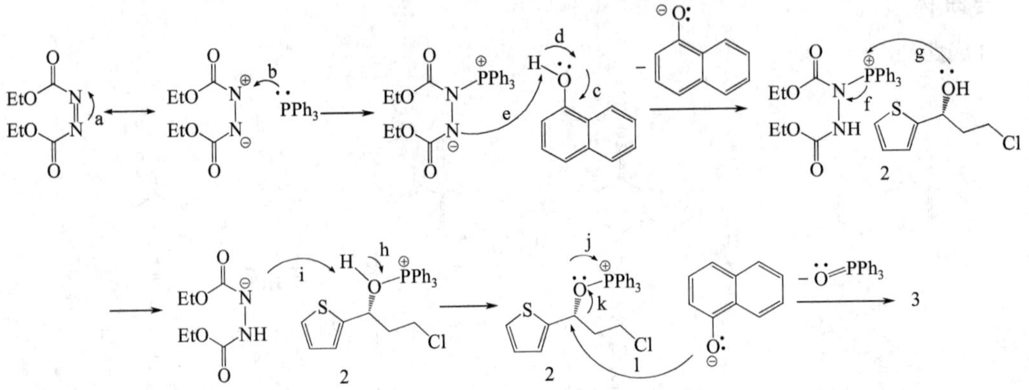

3→4：N 的烃化和成盐反应。机理略。

米那普仑

合成路线：

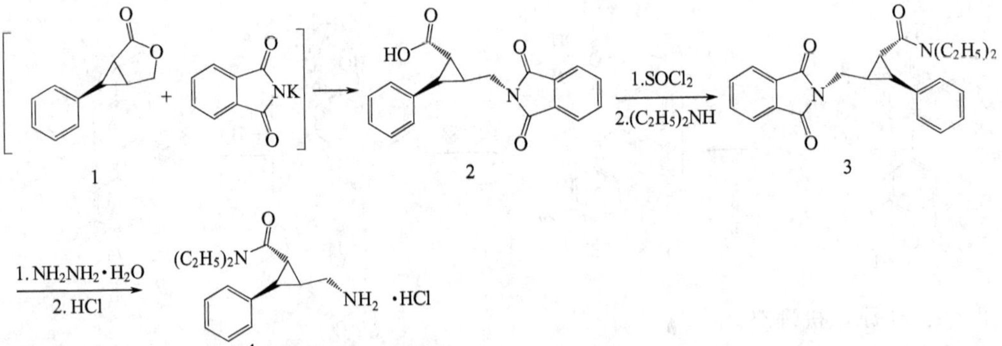

参考文献：周伟澄主编．高等药物化学选论［M］．北京：化学工业出版社，2006：395．

【机理分析】

1→2：N 的烃化。

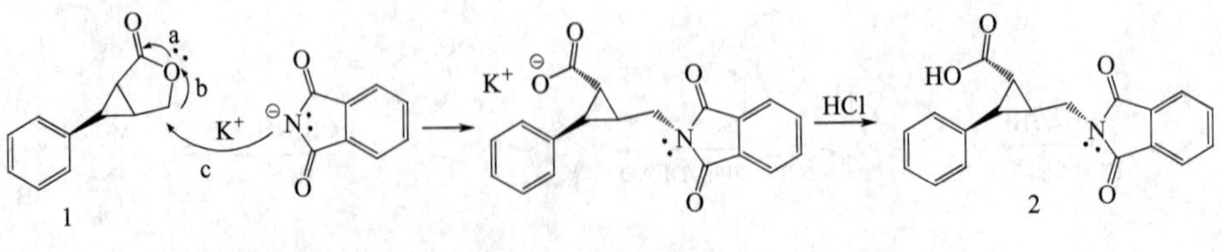

2→3：羧酸氯化，酰氯的胺解。其中羧酸氯化为 S_N2 反应。

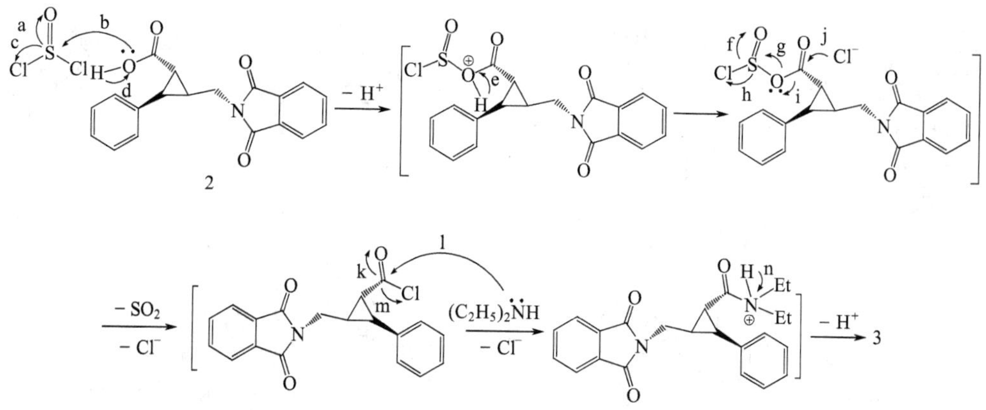

－ H+

－ SO2
－ Cl−

(C2H5)2NH
－ Cl−

－ H+ 3

3→4：肼解，成盐。

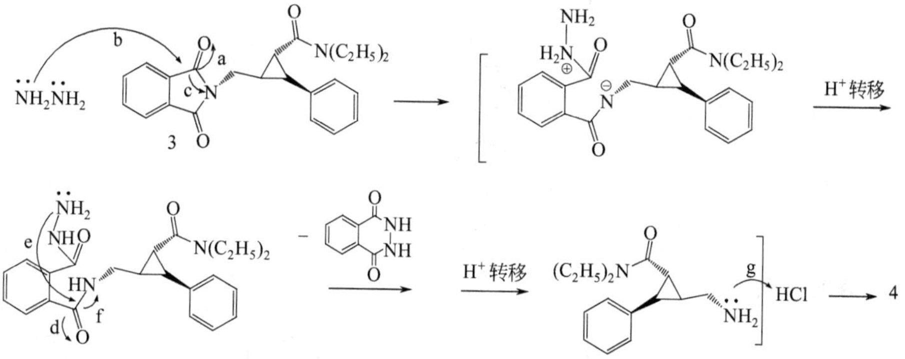

米氮平

合成路线：

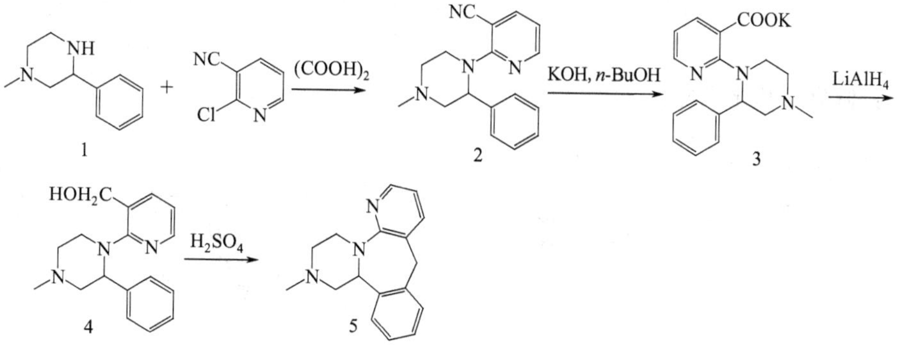

参考文献：周伟澄主编．高等药物化学选论［M］．北京：化学工业出版社，2006：397．

【机理分析】

1→2：N 的烃化。

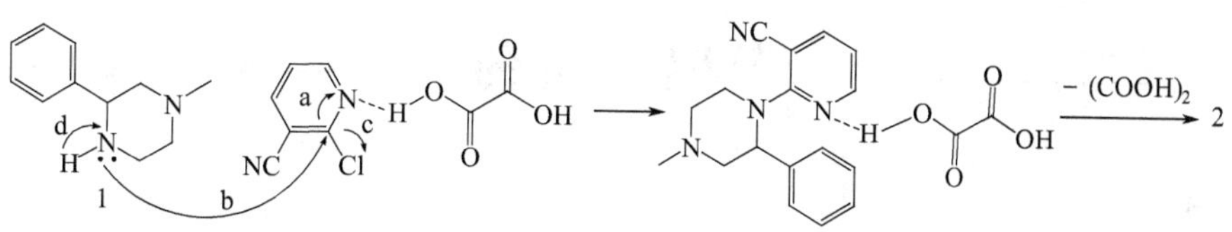

2→3：氰基水解。

27

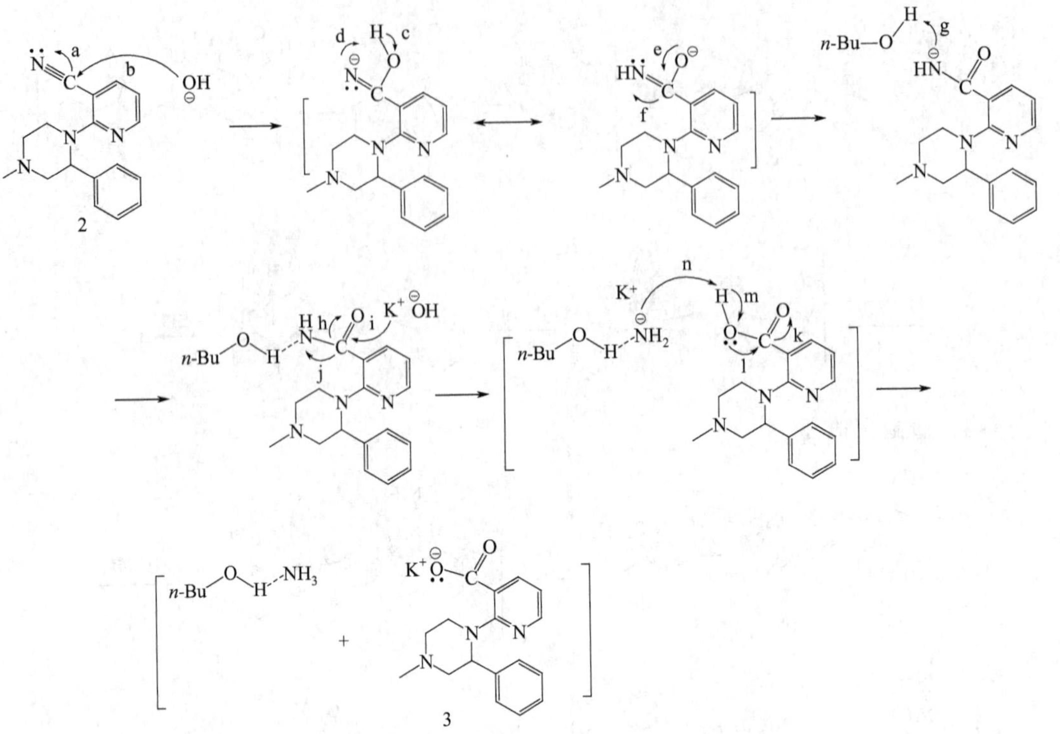

$3 \rightarrow 4$：羧酸还原。

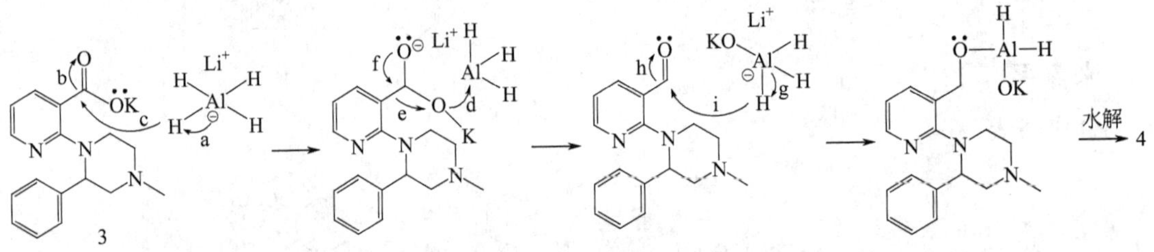

$4 \rightarrow 5$：傅克烷基化反应。

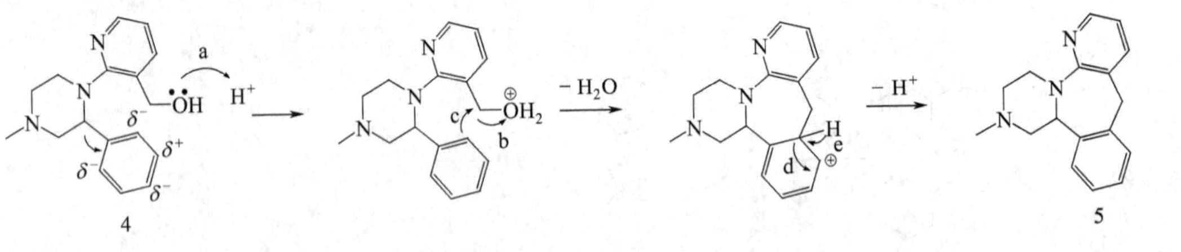

第六节

中枢兴奋药

咖啡因

合成路线：

参考文献：郑虎主编．药物化学［M］．6 版．北京：人民卫生出版社，2010：56．

精彩看点：酰胺中 N 的烃化，酯的胺解。

【机理分析】

1→2：利用醋酸沸点较低，不断除去醋酸，使反应正向进行。

2→3：

3→4：

4→5：

5→6：

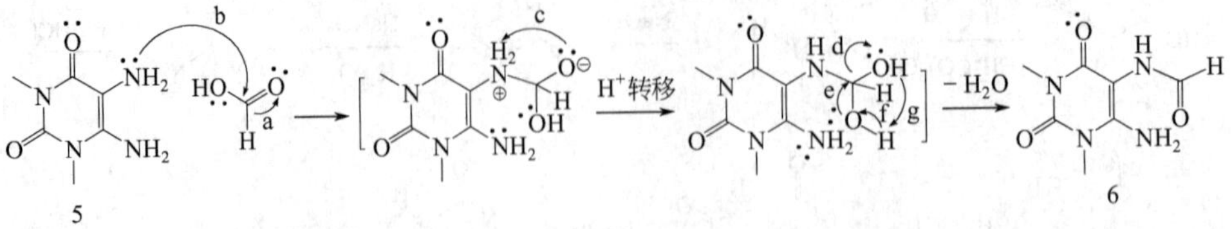

6→7：N 因 p-π 共轭效应，其上 H 具有较强的酸性，在碱性条件下易脱去 H⁺，生成氮负离子，后者进攻羰基，生成氧负离子，氧负离子再从 N 上夺取一个 H，因氮负离子和 OH⁻ 因场效应排斥，脱去 OH⁻。

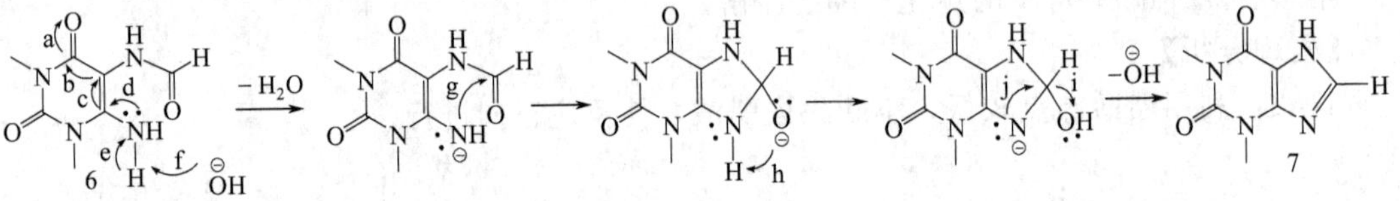

7→8：甲基化反应：NaOH 主要活化 N 原子电子云密度。

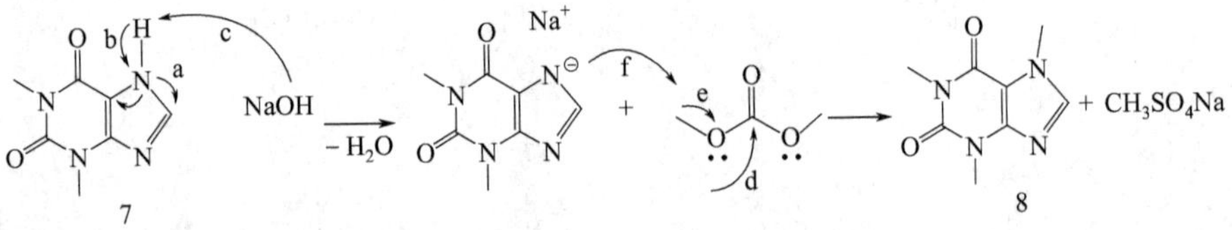

吡拉西坦

合成路线：

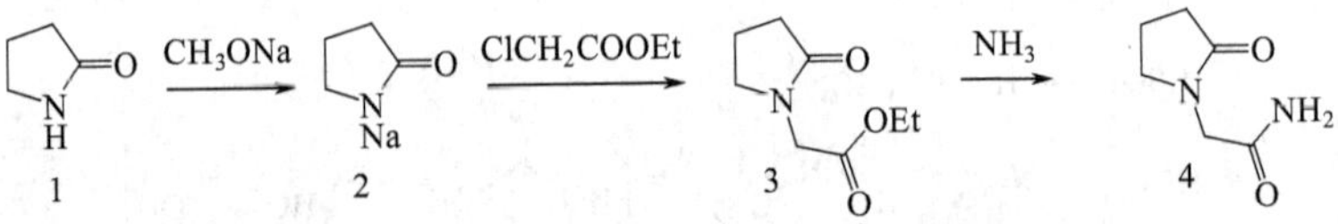

参考文献：郑虎主编．药物化学［M］．6 版．北京：人民卫生出版社，2010：58.

精彩看点：酰胺中 N 的烃化，酯的胺解。

【机理分析】

酰胺中 N 的孤对电子发生 p-π 共轭，N 的电子云密度降低，通过甲醇钠夺取质子，生成氮负离子，提升了 N 的电子云密度，有利于烃化，生成 3。氨中 N 的孤对电子进攻带有正电荷的酯键，并脱去乙醇，即得 4。

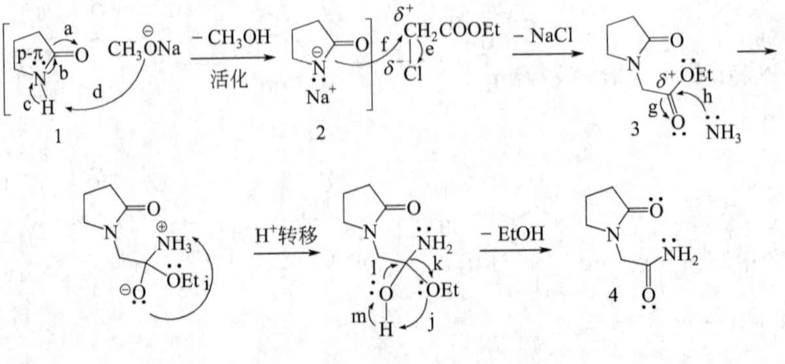

罗匹尼罗

合成路线：

1

参考文献：周伟澄主编．高等药物化学选论［M］．北京：化学工业出版社，2006：420.

精彩看点：苄氯转化为醛基，硝基转化为酰胺，酯或醇转变氨基。

【机理分析】

1→2：苯甲酰氯和氯化锌络合，产生酰基正离子。异色满中的 O 的孤对电子进攻苯甲酰基正离子，产生氧正离子，氧正离子吸电子，产生苄基正离子（苄基正离子稳定性高），氯负离子进攻苄基正离子，即得 2。

2→3：为索姆莱（Sommelet）反应。

3→4：硝基甲烷，脱去质子，然后负碳离子进攻正电性最强的醛基，然后脱水，即得 4。

4→5：

C_6H_5COCl $FeCl_3$

$-H^+$

$FeCl_4^-$

S_N2

C_6H_5COCl $FeCl_3$

$[C_6H_5CO \quad FeCl_4^-]$

$-H^+$

H_5C_6

5→6：还原。氢解，自由基还原。

$Pd-H \leftarrow H_2 + Pd$

$\cdot HCl$

$+ PhCONHNH_2$

$Pd-H$

5

6

6→7：O上孤对电子进攻磺酰氯，脱去氯离子，再脱去H离子，即得7。

$-Cl^-$

$-H^+$

6

7

7→8：因O上的孤对电子向磺酰基共轭，增加了O的吸电子能力，有利于N的孤对电子进攻正电性较强的碳，并脱去对甲苯磺酸基及质子，即得 8。

普拉克索

合成路线：

参考文献：周伟澄主编. 高等药物化学选论 ［M］. 北京：化学工业出版社，2006：420.

精彩看点：提供了酮转变胺基噻唑环、酰胺还原。

【机理分析】

1→2：需要酸或碱作为催化剂，转化为烯醇才能和亲电试剂的卤化剂进行反应。

2→3：水解，机理略。

3→4：酒石酸分离，机理略。

4→5：噻唑环上的氨基，因 N 的孤对电子发生 p-π 共轭，电子云密度低。主要由未发生共轭的 N 的孤对电子进攻丙酸酐，然后脱去质子，即得 5。

5→6：硼烷上 H 带负电荷，进攻带正电荷较强的羰基碳，而带正电荷的 B 与带负电荷的 O 结合，生成氢化硼酸酯，然后 B 上的 H 继续向碳转移，脱去 O，即得 6。只要 B 上有负 H，可继续还原。

外周神经药物

影响胆碱能神经系统药

溴新斯的明

合成路线：

参考文献：郑虎主编．药物化学［M］．6 版．北京：人民卫生出版社，2010：66.

【机理分析】

1→2：N 的烃化。选择性：N 的孤对电子裸露在外边，比 O 的孤对电子活泼，故 N 更容易反应，或者说 N 的碱性大于 O 的碱性。在硫酸二甲酯中，因 O 的孤对电子向磺酰基共轭（p-π），导致 O 缺电子，显著增加了 O 对甲基的诱导效应，故甲基带很强的正电荷，容易受到 N 上的孤对的电子进攻，从而完成 N 的甲基化反应。

2→4：O 的烃化，因 p-π 共轭效应，O 的电子云密度低，活性小，使酚羟基中的 H 与 OH⁻ 结合，与苯环相连的 O 的电子云密度增加，有利于 O 的烃化。

4→5：酰胺中 N 的 p-π 共轭大于苯胺中 N 的 p-π 共轭，故苯胺中电子云密度更加丰富，优先反应。

盐酸多奈哌齐

合成路线：

参考文献：郑虎主编．药物化学［M］.6 版．北京：人民卫生出版社，2010：69.

【机理分析】

1→4：活性亚甲基对醛的缩合反应。

5→6：羰基增碳环氧化。

6→7：环氧化开环，重排。与 Darzens 反应结果类似。

7＋4→8：羟醛缩合。

8→9：还原。自由基还原，常压或低压优先还原双键。

泮库溴铵

合成路线：

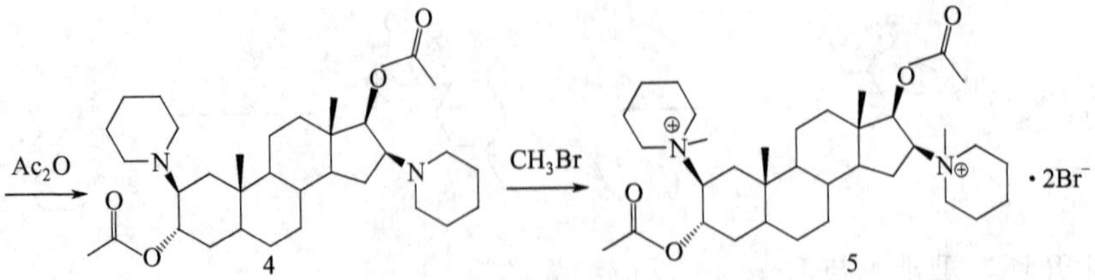

参考文献：郑虎主编．药物化学［M］．6 版．北京：人民卫生出版社，2010：83.

【机理分析】

1→2：N 的烃化，环氧化开环，从位阻小、正电性高的方向进攻。

2→3：酮的还原。

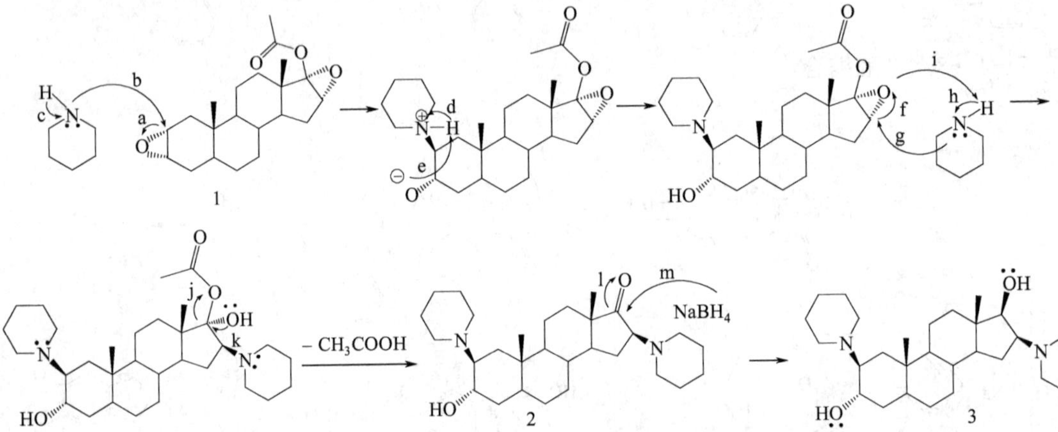

3→4：酰化。

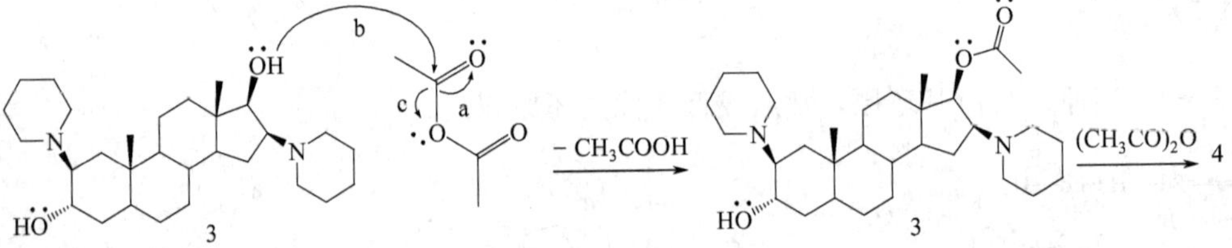

4→5：N 的甲基化。

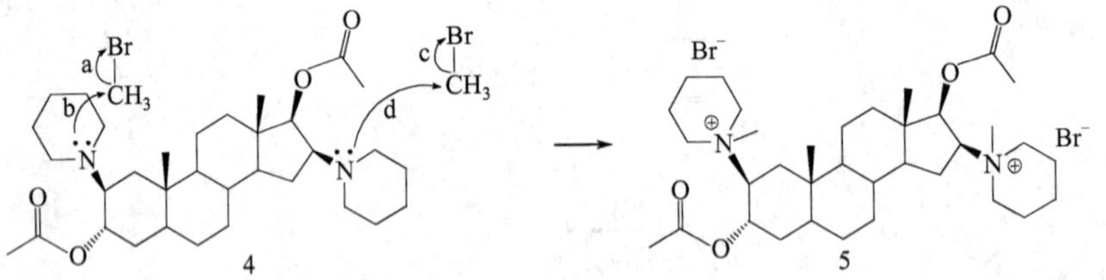

第二节
影响肾上腺素能神经系统药

肾上腺素

合成路线：

参考文献：郑虎主编．药物化学［M］．6 版．北京：人民卫生出版社，2010：87-88.

【机理分析】

1→2：羧酸的氯化，苯环的酰化。

2→3：N 的烃化。

3→4：还原，自由基还原，存在多个自由基还原途径，加压还原能力增加。

4→5：中和，盐的置换，较为简单。

5→6：拆分，利用成盐溶解度不同，属于物理反应，没有化学反应，不存在化学反应机理。

沙丁胺醇

合成路线：

参考文献：郑虎主编．药物化学［M］．6 版．北京：人民卫生出版社，2010：93．

【机理分析】

1→2：为酚的氯甲基化反应。

2→3：O 的酰化反应。

3→4：羰基 α-碳的溴化反应。

4→5：为碳的烃化反应，机理略。

5→6：酯水解与成盐，机理略。

6→7：中和。

7→8：羰基还原或脱苄氢解，均为自由基反应，其中两个反应顺序并无明显差别，即脱苄和还原同时进行。还原反应同"肾上腺素"中 3→4 步机理。

第三节
抗变态反应药

马来酸氯苯那敏

合成路线：

参考文献：郑虎主编．药物化学［M］．6 版．北京：人民卫生出版社，2010：100．

【机理分析】

1→2：吡啶甲基氯化，可能是多种机理相互竞争。

2→3：α-H 取代。

3→4：重氮盐氯化。

$$NaNO_2 + HCl \longrightarrow NaCl + \left[HNO_2 + HCl \longrightarrow \ddot{H\ddot{O}} - \overset{+}{\underset{\cdot\cdot}{N}} = \ddot{O}H \longrightarrow \ddot{H\ddot{O}} - \overset{+}{N} - \ddot{O}H \right]$$

4→5：活性亚甲基的烃化。

5→6：N 的烃化及还原，还原反应为洛伊卡特-瓦拉赫（Leuckart-Wallach）反应。

6→7：成盐，机理略。

氯雷他定

合成路线：

参考文献：郑虎主编．药物化学［M］．6 版．北京：人民卫生出版社，2010：102.

【机理分析】

1→2：N 的烃化，重排。

2→3：亚甲基的烃化。

3→4：酰胺的氰化，其中叔丁基位阻较大，是保护基。

4→5：苯环傅克化反应，亚胺水解。

5→6：羰基还原，多机理反应，相互竞争，下面是其中一种机理。

盐酸西替利嗪

合成路线：

参考文献：郑虎主编．药物化学［M］．6版．北京：人民卫生出版社，2010：105．

【机理分析】

1→2：N的烃化，空间位阻较小的N优先进攻，碳酸钾为除酸剂。

2→3：氰基水解，中和、成盐。

咪唑斯汀

合成路线：

路线一：

路线二：

参考文献：郑虎主编．药物化学［M］．6版．北京：人民卫生出版社，2010：107.

【机理分析】

路线一：

1→2：N 的烃化。

2→3：N 的甲基化。

3→4：酰胺的水解。

路线二：

1→5：N 的烃化。

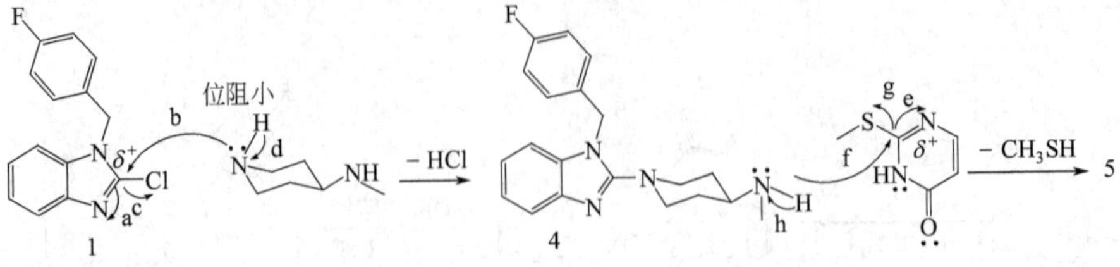

位阻小

1 — 4 — 5

盐酸普鲁卡因

合成路线：

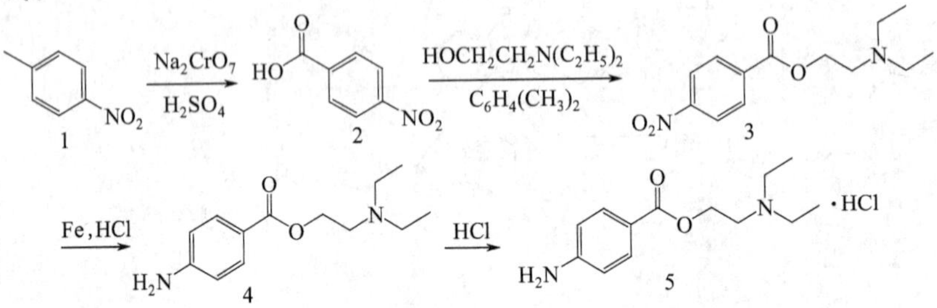

$\xrightarrow[H_2SO_4]{Na_2CrO_7}$ 2 $\xrightarrow[C_6H_4(CH_3)_2]{HOCH_2CH_2N(C_2H_5)_2}$ 3

$\xrightarrow{Fe,HCl}$ 4 $\xrightarrow{HCl}$ 5

参考文献：郑虎主编．药物化学［M］．6 版．北京：人民卫生出版社，2010：112.

【机理分析】

1→2：氧化，机理略。

2→3：酯化反应

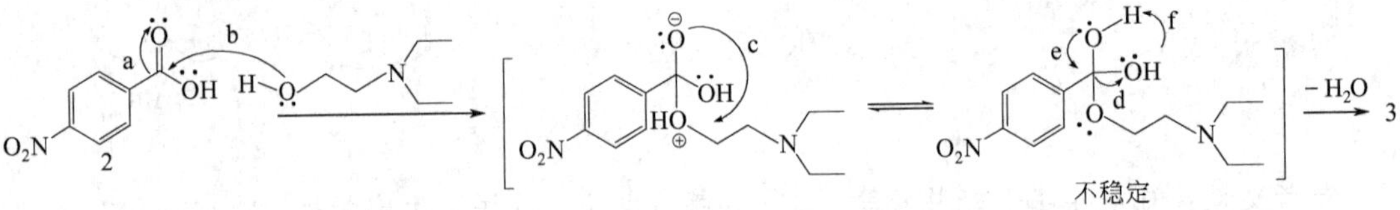

[2] → [不稳定] → 3 − H_2O

3→4：硝基还原，机理略。

4→5：成盐，机理略。

盐酸利多卡因

合成路线：

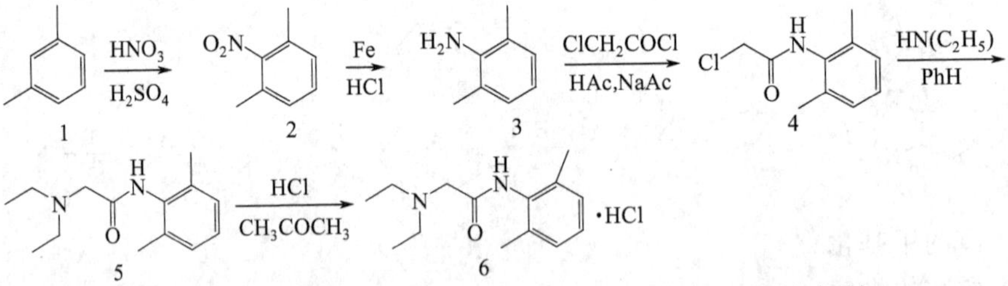

1 $\xrightarrow[H_2SO_4]{HNO_3}$ 2 $\xrightarrow[HCl]{Fe}$ 3 $\xrightarrow[HAc,NaAc]{ClCH_2COCl}$ 4 $\xrightarrow[PhH]{HN(C_2H_5)}$

5 $\xrightarrow[CH_3COCH_3]{HCl}$ 6 ·HCl

参考文献：郑虎主编．药物化学［M］．6 版．北京：人民卫生出版社，2010：115.

【机理分析】

1→2：磺化保护，硝化。

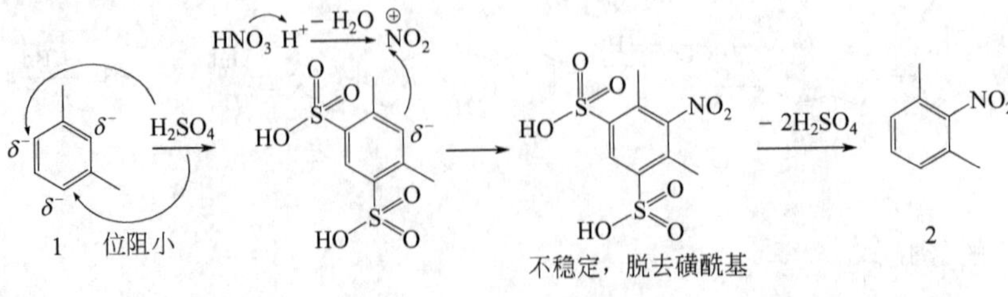

$HNO_3 \xrightarrow{H^+} \xrightarrow{-H_2O} \overset{\oplus}{NO_2}$

1 位阻小 $\xrightarrow{H_2SO_4}$ → → $\xrightarrow{-2H_2SO_4}$ 2

不稳定，脱去磺酰基

2→3：硝基还原，机理略。

3→5：N 的酰化。因 N 上孤对电子向苯环共轭，电子云密度下降，用正电性较强的酰氯做酰化试剂。二乙胺稍过量，还作为除酸剂。

5→6：成盐，略。

盐酸达克罗宁

合成路线：

参考文献：郑虎主编. 药物化学 ［M］. 6 版. 北京：人民卫生出版社，2010：119.

【机理分析】

1→2：O 的烃化，加碱主要活化酚 OH，提高其负电荷密度。

2→3：苯环的傅克化反应。

3→4：羰基 α-碳的甲基胺烷基化反应。

Chapter 3 第三章 循环系统药物

第一节 抗高血压和抗心律失常药

盐酸普萘洛尔

合成路线：

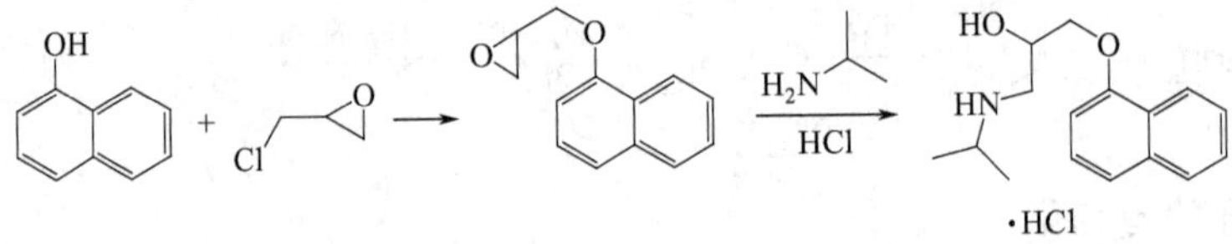

参考文献：郑虎主编．药物化学［M］. 6版．北京：人民卫生出版社，2010：123-124.

【机理分析】

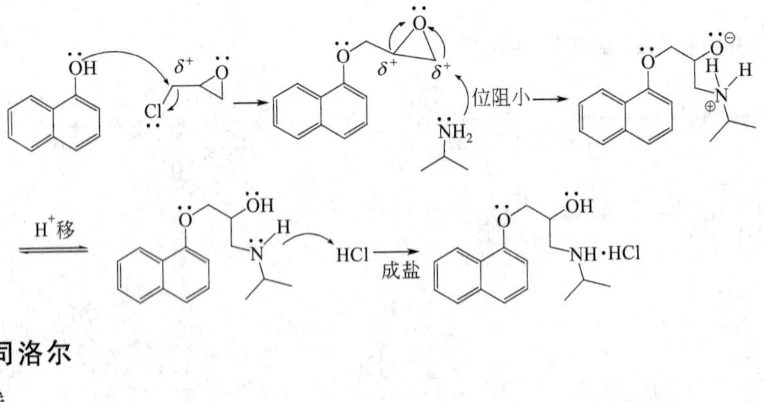

盐酸艾司洛尔

合成路线：

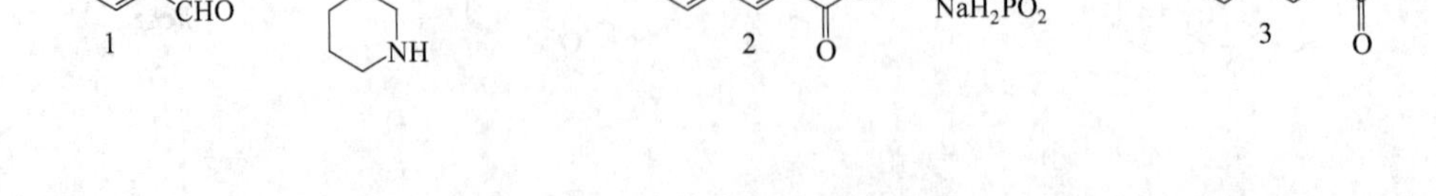

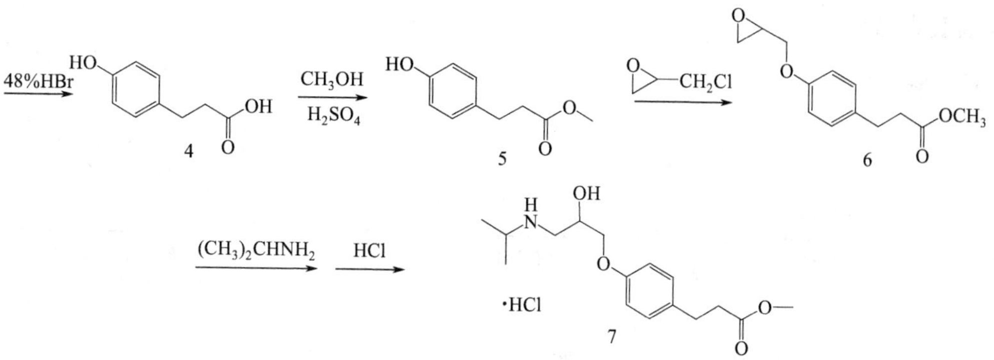

$\xrightarrow{48\%HBr}$ （结构4）

$\xrightarrow[H_2SO_4]{CH_3OH}$ （结构5）

（结构6）

$\xrightarrow{(CH_3)_2CHNH_2}$ $\xrightarrow{HCl}$ （结构7，·HCl）

参考文献：周伟澄主编．高等药物化学选论［M］．北京：化学工业出版社，2006：283．

【机理分析】

1→2：

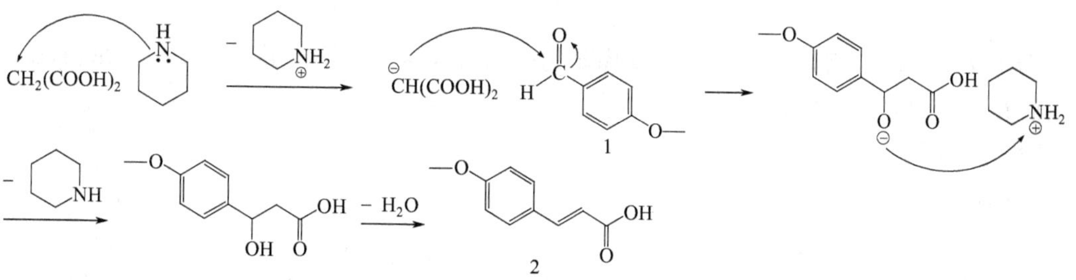

（反应机理图示）

2→3：还原反应，机理略。

3→4：脱甲基反应，S_N2。

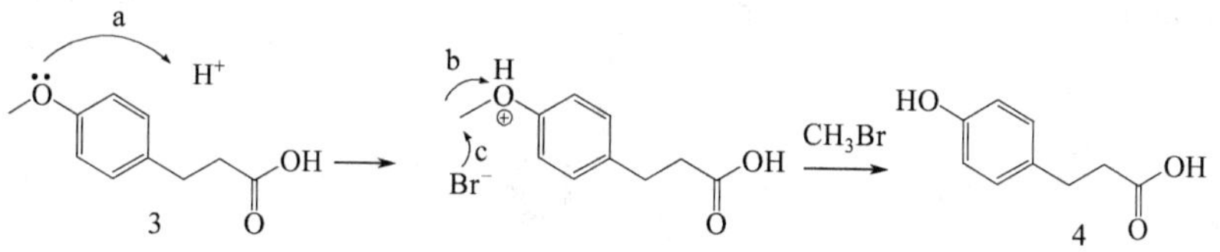

（反应机理图示，标注 a、b、c、H^+、CH_3Br、Br^-，结构3、4）

4→5：酯化反应，机理略。

5→6：O 的烃化反应。

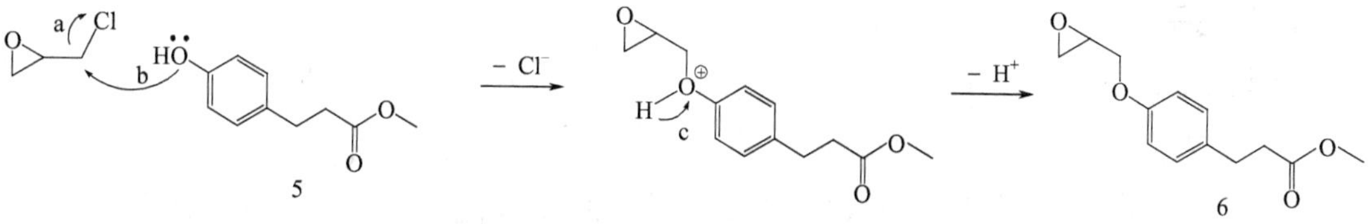

（反应机理图示，标注 a、b、c、$-Cl^-$、$-H^+$，结构5、6）

6→7：N 的烃化反应。N 的孤对电子从位阻较小、正电性高的部位优先进攻。

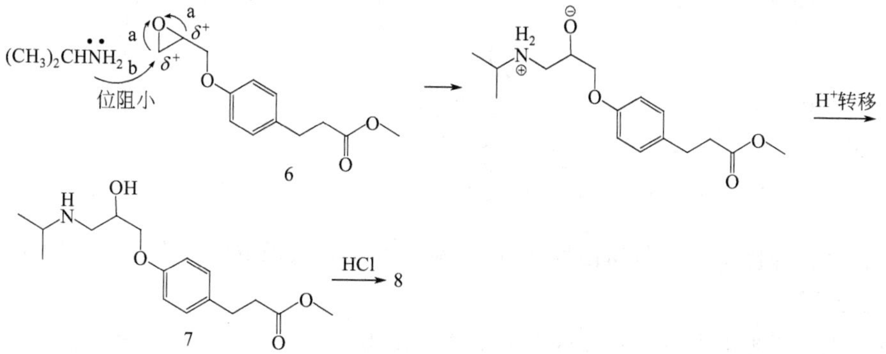

（反应机理图示，标注 $(CH_3)_2CHNH_2$、a、b、δ^+、位阻小、H^+转移，结构6、7）

$\xrightarrow{HCl}$ 8

烟酸占替诺

合成路线：

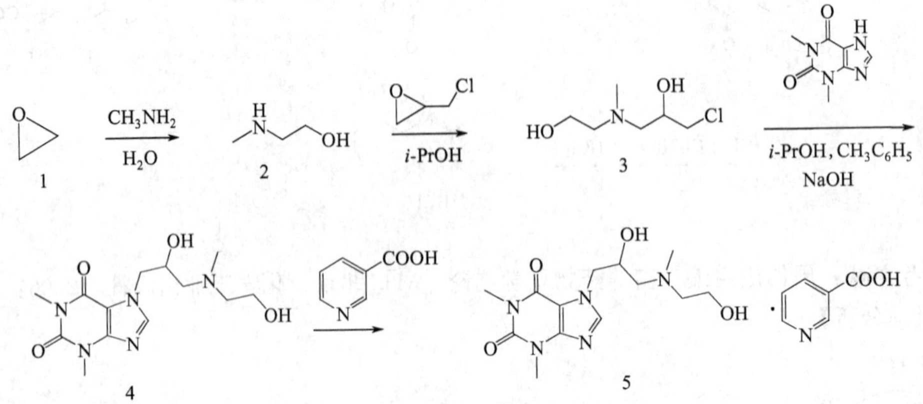

参考文献：陈仲强，陈虹主编．现代药物的制备与合成．第一卷．[M]．北京：化学工业出版社，2011：444-445.

【机理分析】

1→3：

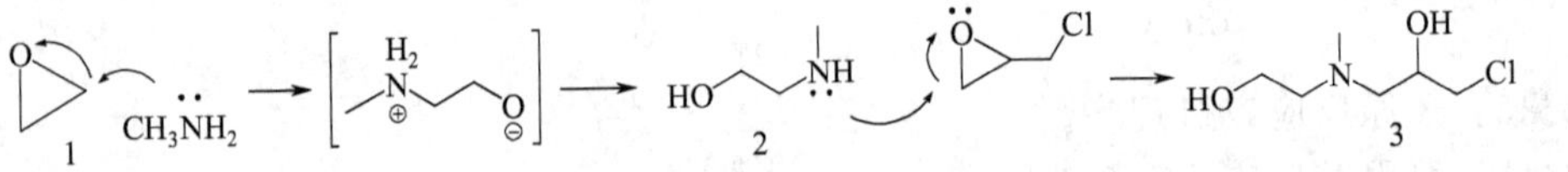

3→4：N 的烃化，加入 NaOH，夺取 H^+，提高 N 的电子云密度，有利于烃化反应。

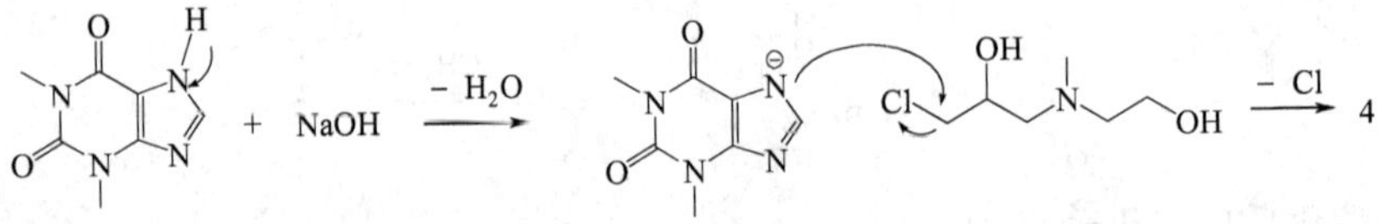

4→5：成盐，机理略。

硝苯地平

合成路线：

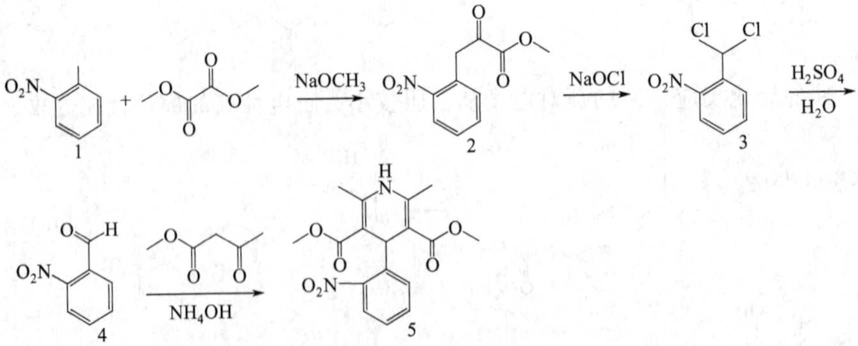

参考文献：郑虎主编．药物化学 [M]．6 版．北京：人民卫生出版社，2010：127.

【机理分析】

1→2：克莱森酯的缩合，苯环起到电子传递作用。

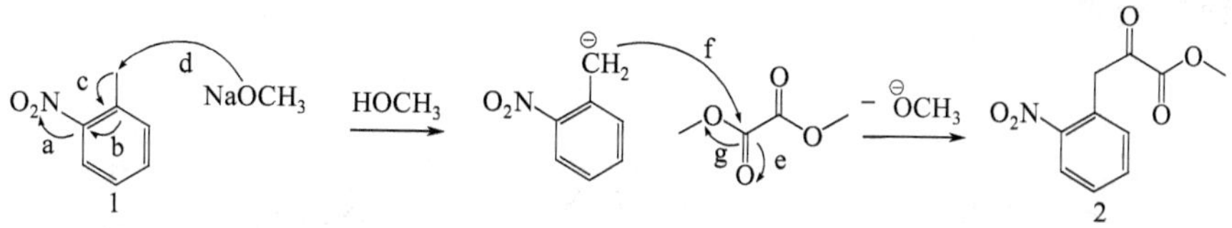

2→3：氯化反应、消除反应。

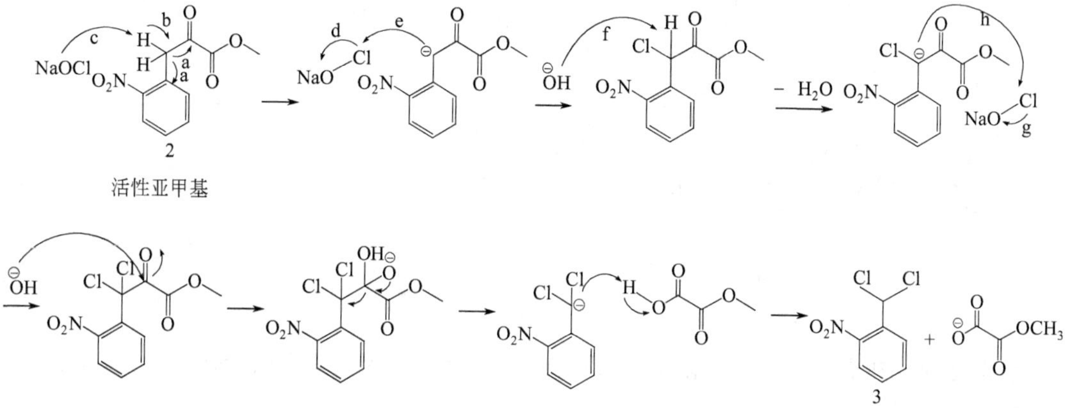

活性亚甲基

3→4：水解。

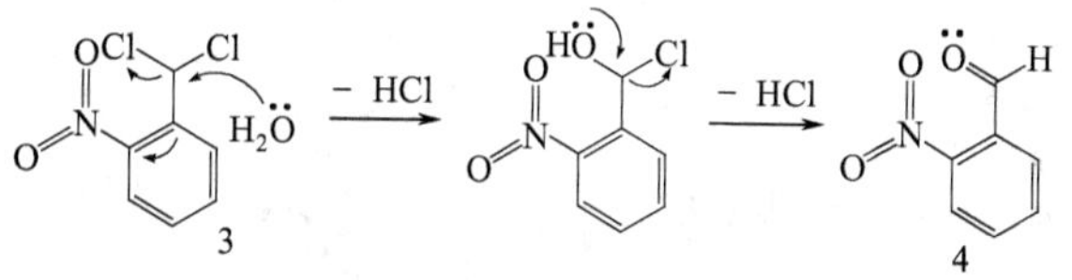

4→5：水解。该水解在碱性条件下，比在酸性条件下更加迅速。

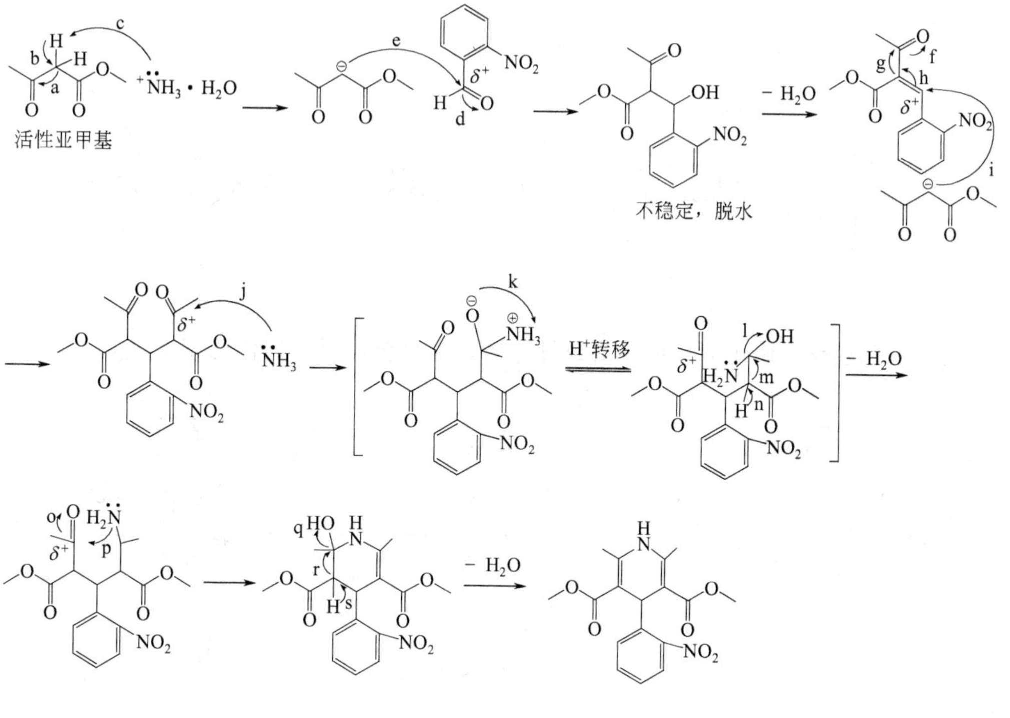

活性亚甲基

不稳定，脱水

盐酸地尔硫䓬

合成路线：

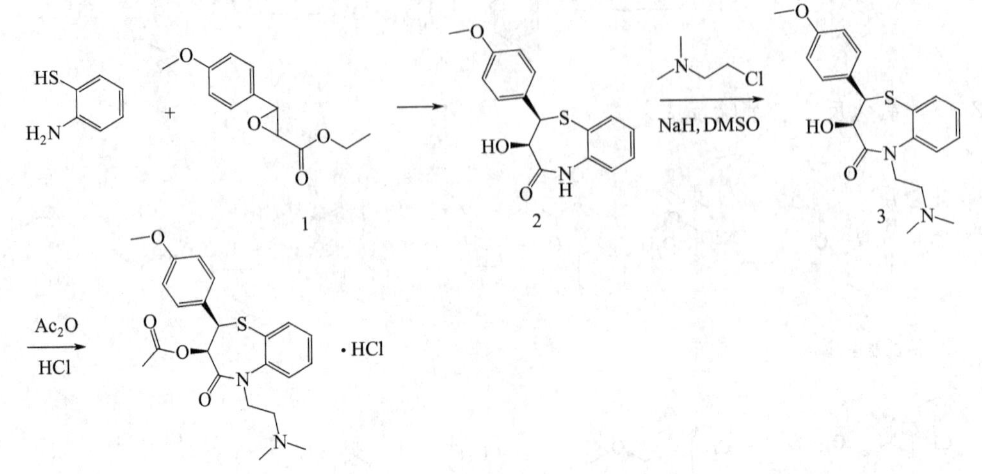

参考文献：郑虎主编．药物化学［M］．6 版．北京：人民卫生出版社，2010：130-131.

【机理分析】

1→2：

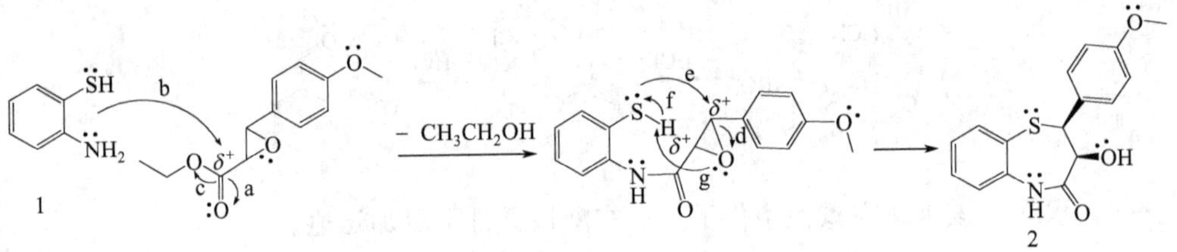

2→3：

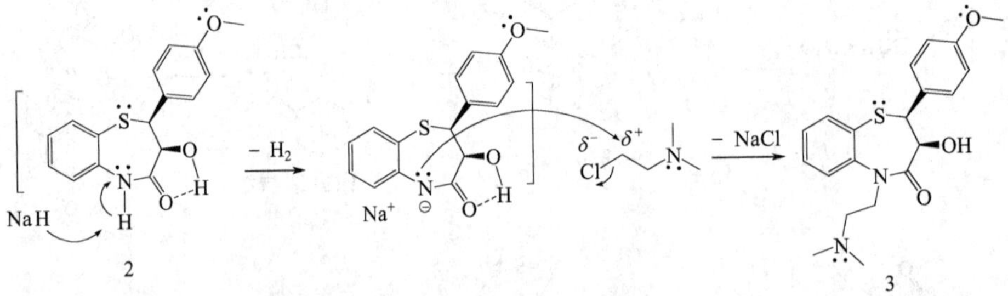

3→4：O 的酰化。由于分子中含有碱性基团，对反应可以起到催化作用。

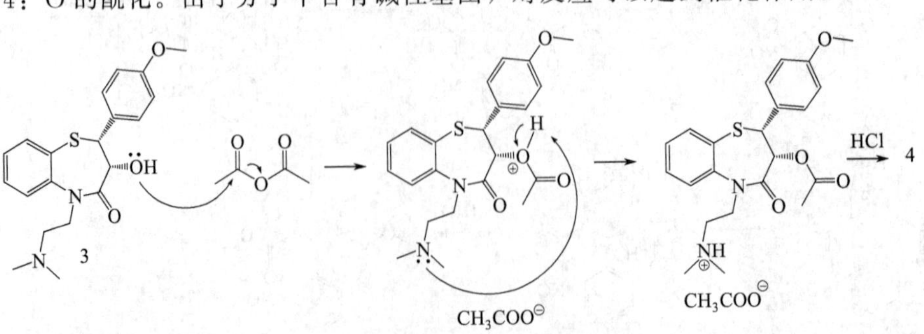

盐酸美西律

合成路线：

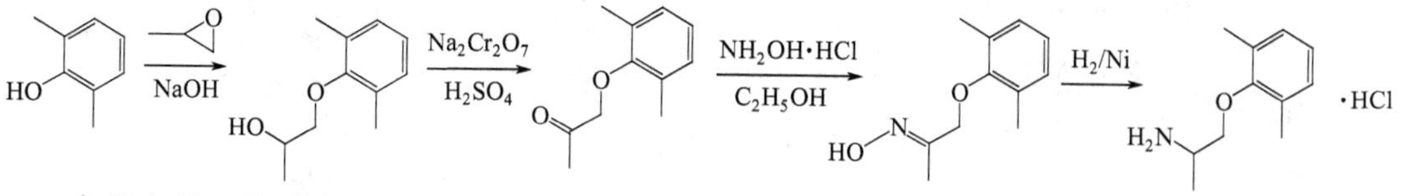

参考文献：郑虎主编．药物化学［M］．6 版．北京：人民卫生出版社，2010：134-135.

【机理分析】

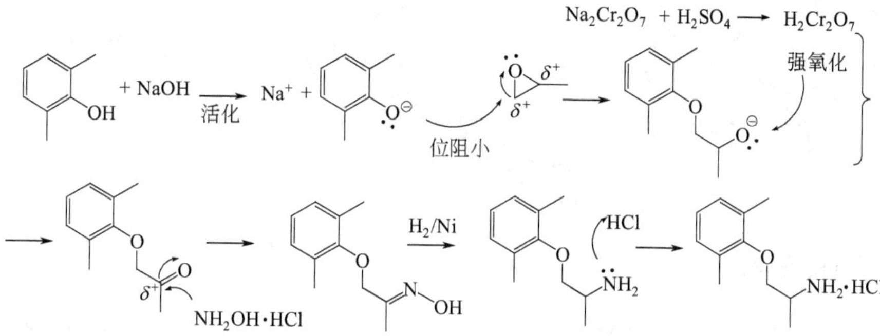

盐酸胺碘酮

合成路线：

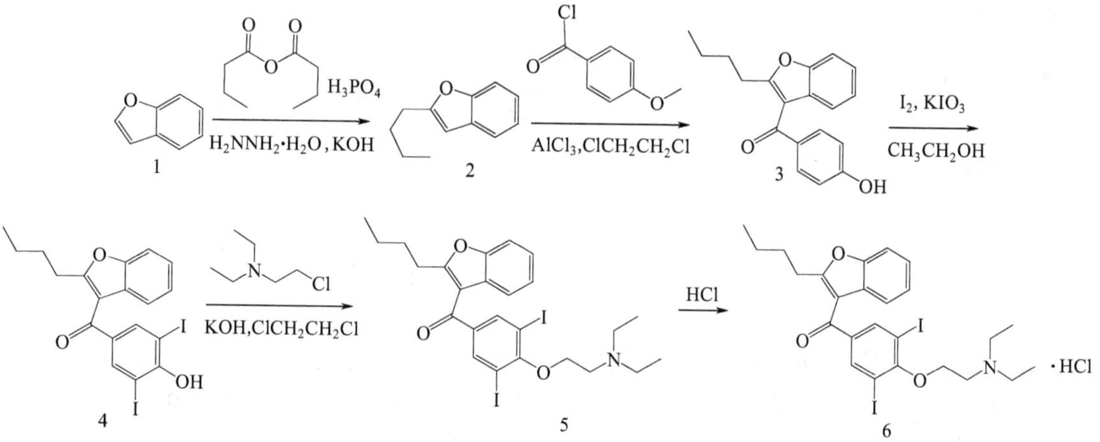

参考文献：郑虎主编．药物化学［M］．6 版．北京：人民卫生出版社，2010：137-138.

【机理分析】

1→2：酰化，还原。

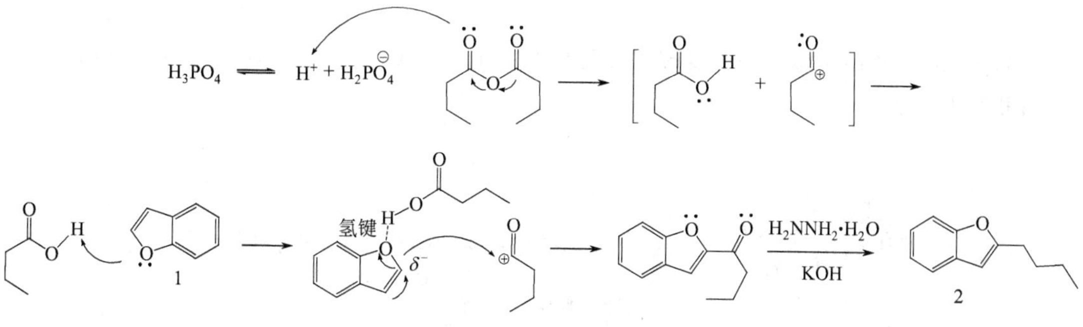

2→3：傅克酰化反应。

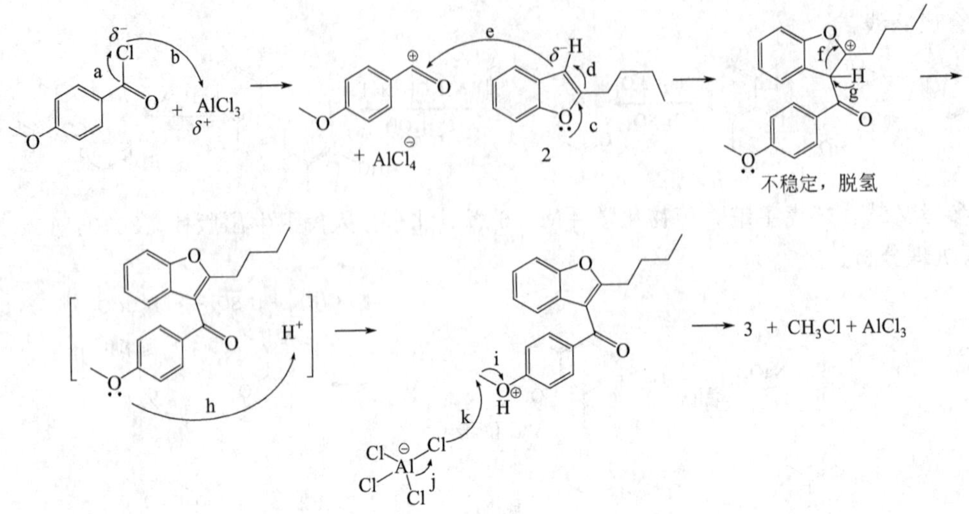

不稳定，脱氢

→ 3 + CH₃Cl + AlCl₃

3→6：碘化反应。

$[I_2 \rightleftharpoons I^+ + I^-]$

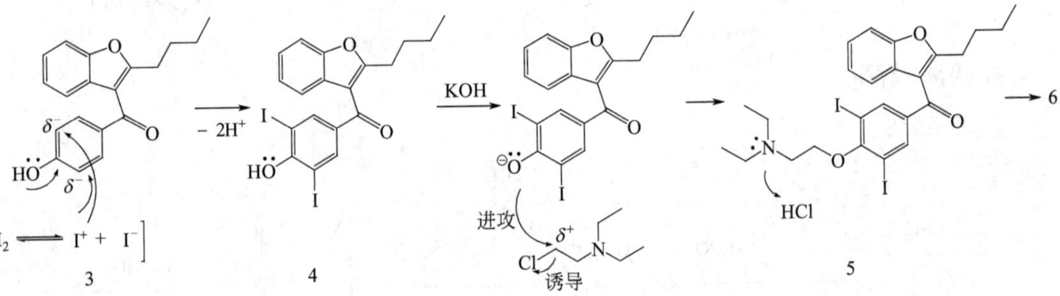

卡托普利

合成路线：

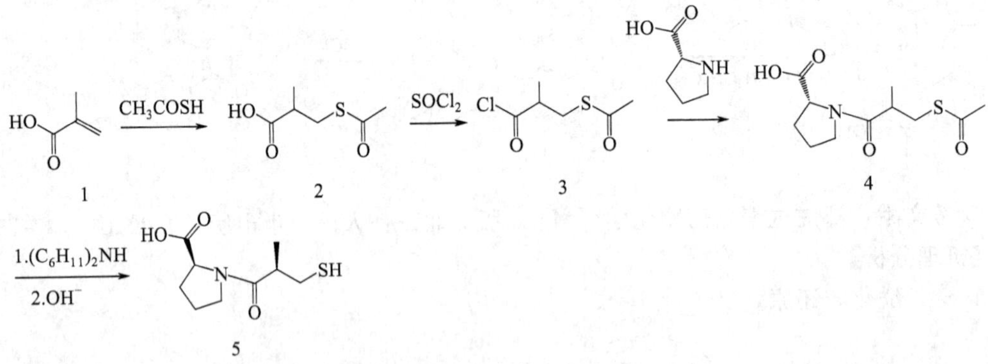

参考文献：郑虎主编．药物化学 [M].6 版．北京：人民卫生出版社，2010：143.

【机理分析】

1→4：

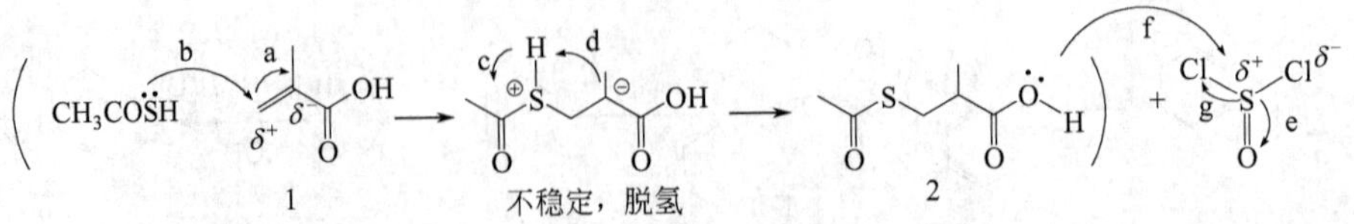

不稳定，脱氢

4→5：利用盐溶解度不同拆分；脱去乙酰基。

氯沙坦钾

合成路线：

参考文献：陈仲强，陈虹主编．现代药物的制备与合成：第一卷［M］．北京：化学工业出版社，2011：405-408.

【机理分析】

1→6：1 在氯化氢的催化下与甲醇反应得 2，2 经氨解得 3，3 经氨中和、席夫碱关环反应，得 4。再经氯代和氧化，即得 6。

7→9：甲基化、氯化得 9。

9→10：先酰胺化，然后亚磺酰氯单酯，再经 S_N2 消除，脱去 H 正离子，即得 10。

10→11：格氏试剂取代。

11→12：

12→13：

13→14：苄位溴代，自由基反应。

14→15：N 的烃化反应。

15→16：还原，机理略。

16→17：水解。

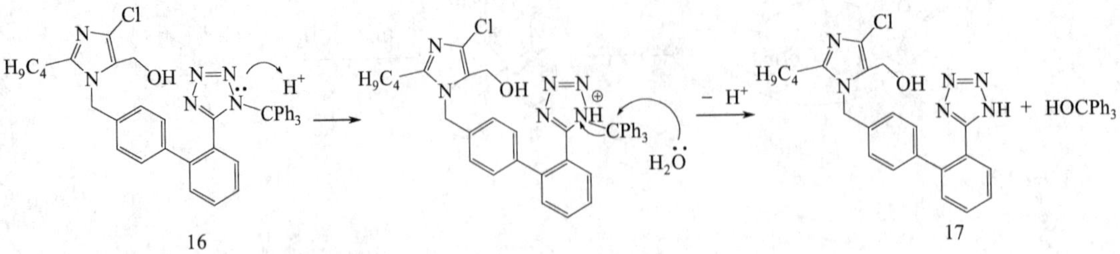

16 17 + HOCPh₃

17→18：成盐，机理略。

缬沙坦

合成路线：

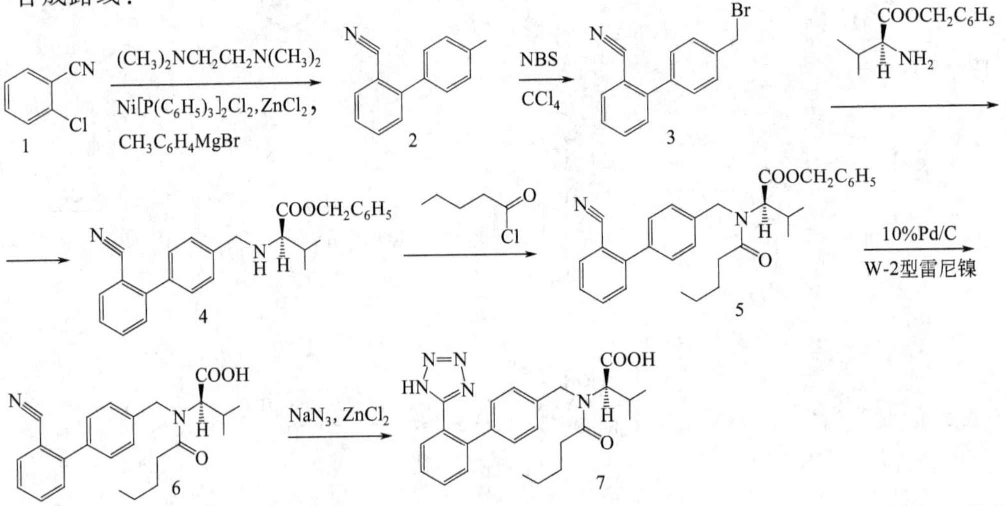

参考文献：陈仲强，陈虹主编．现代药物的制备与合成：第一卷［M］．北京：化学工业出版社，2011：408-409.

【机理分析】

1→2：格氏加成，消除。在格氏加成之前，需要对氰基进行保护。

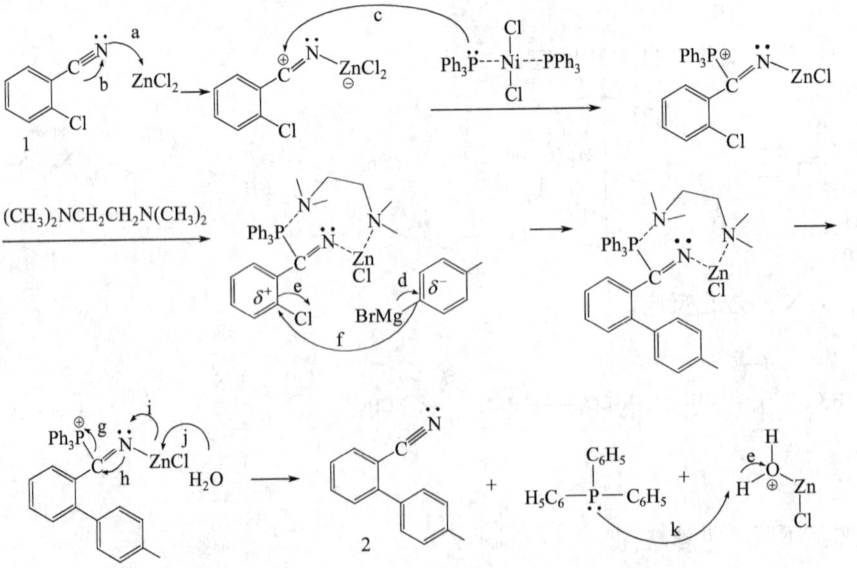

2→3：苄位溴代，自由基反应，机理略。

3→4：脱溴，N 的烃化，机理略。

4→5：N 的烃化。

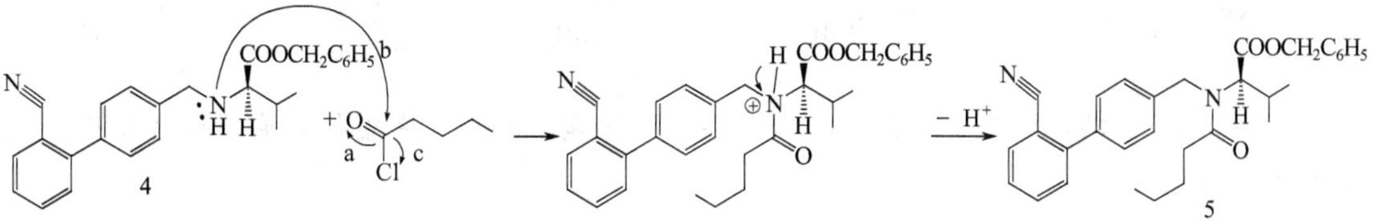

5→6：苄位氢解。

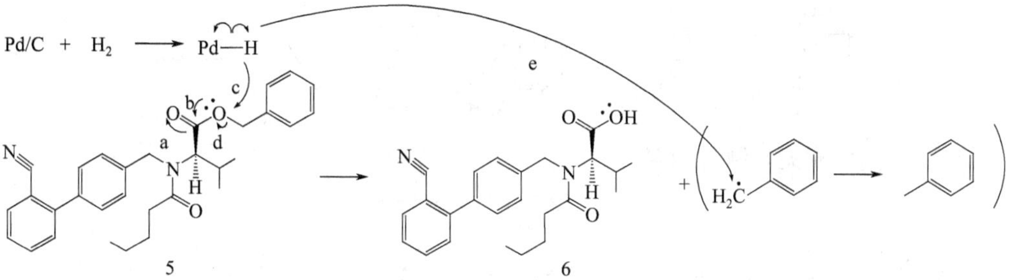

6→7：叠氮加成，关环制备四氮唑，机理见氯沙坦钾中 12→13。

厄贝沙坦

合成路线：

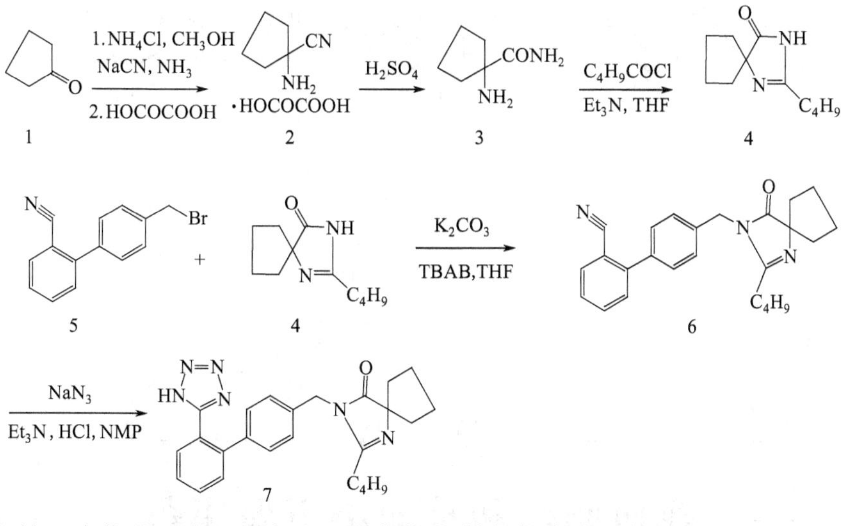

参考文献：陈仲强，陈虹主编．现代药物的制备与合成：第一卷 ［M］．北京：化学工业出版社，2011：416-417.

【机理分析】

1→2：

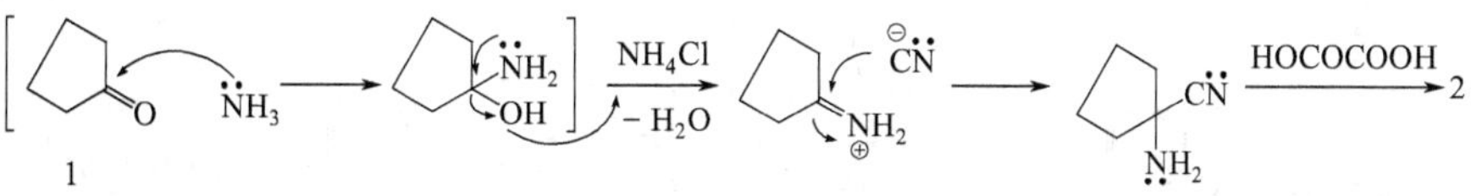

2→3：氰基水解成酰胺，机理略。

3→4：

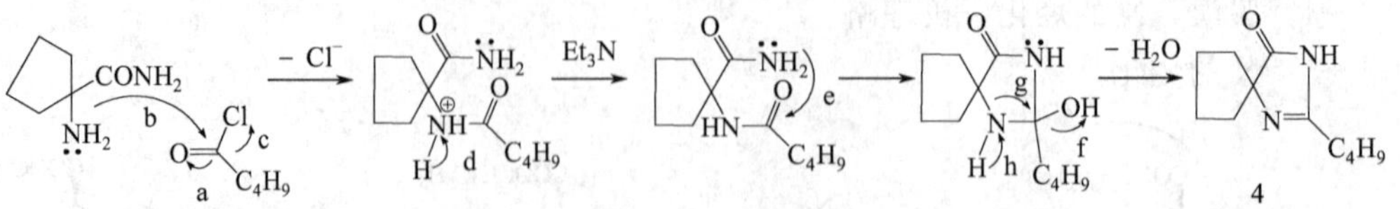

4+5→6：N 的烃化。N 上孤对电子存在 p-π 共轭，电子云密度低，通过碱增加电子云密度进行活化。

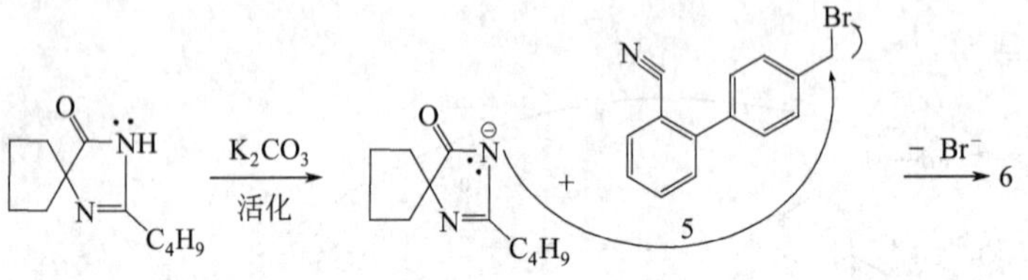

6→7：叠氮加成关环制备四氮唑。

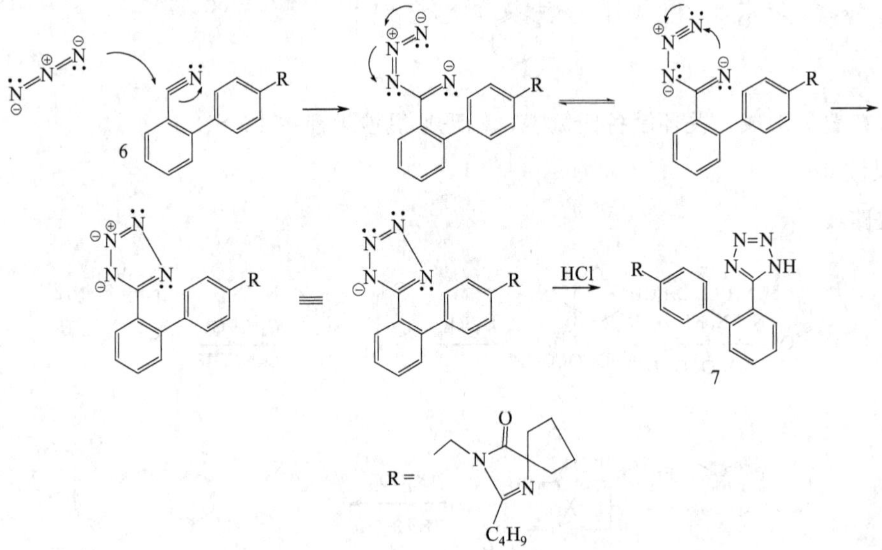

第二节
降血脂药和抗血小板聚集药

吉非贝齐

合成路线：

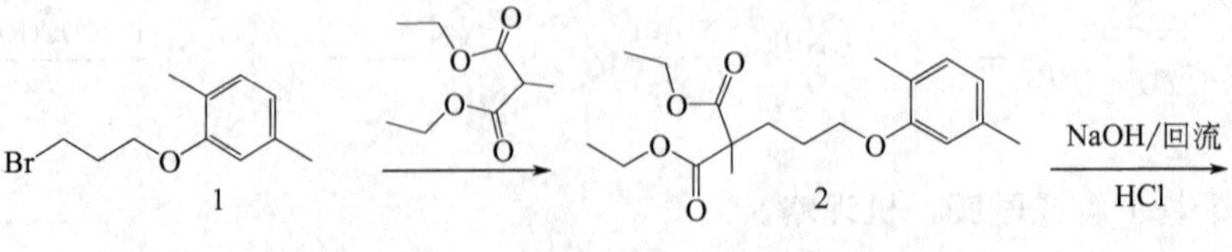

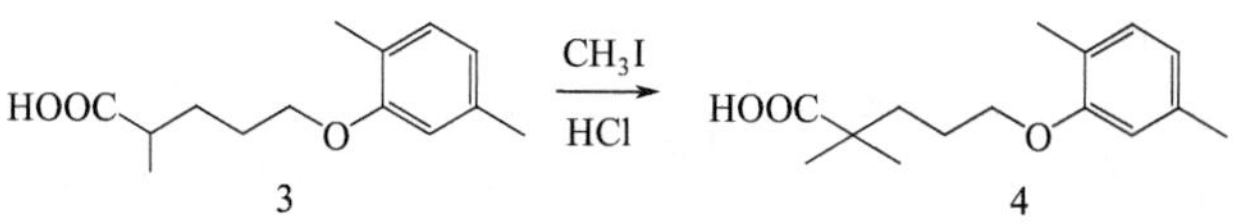

参考文献：郑虎主编．药物化学［M］.6 版．北京：人民卫生出版社，2010：161.

【机理分析】

1→2：碳的烃化反应。

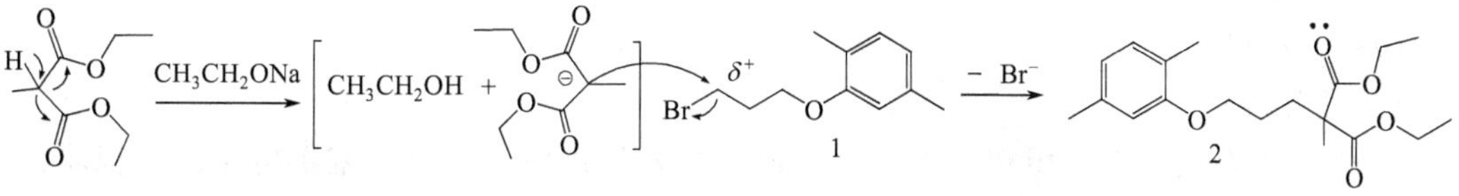

2→3：酯键的水解，脱羧。

3→4：酯的 α-碳的甲基化反应。

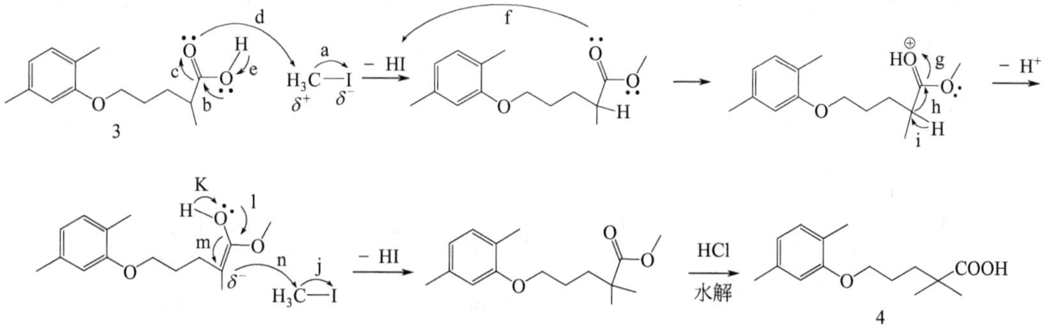

阿托伐他汀

合成路线：

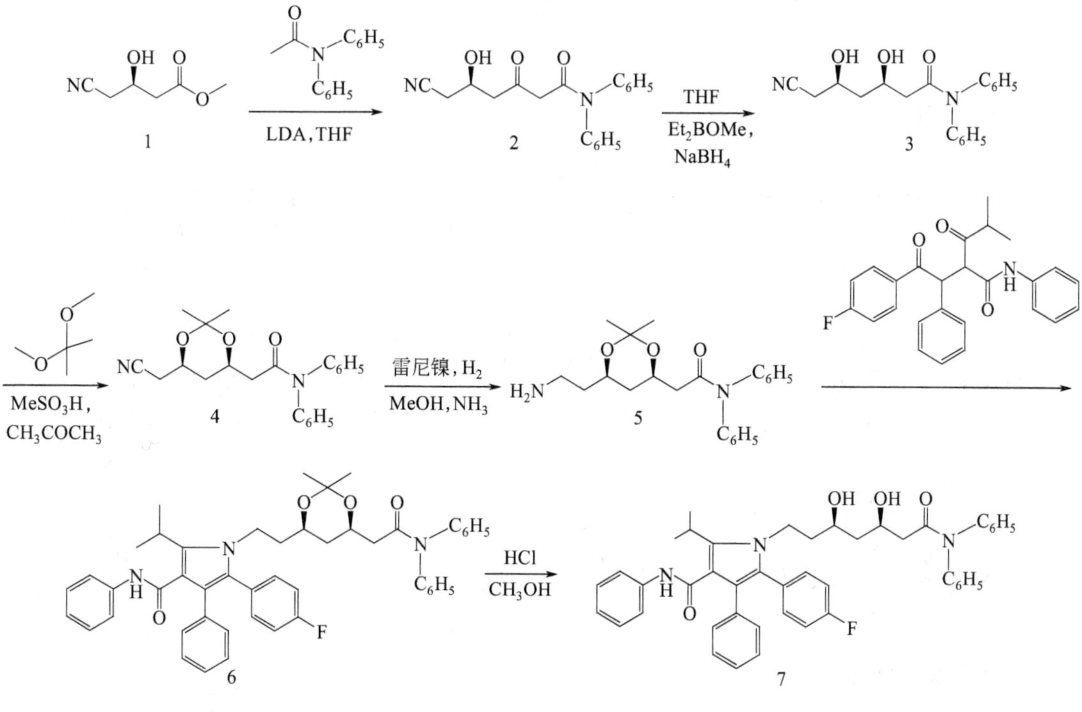

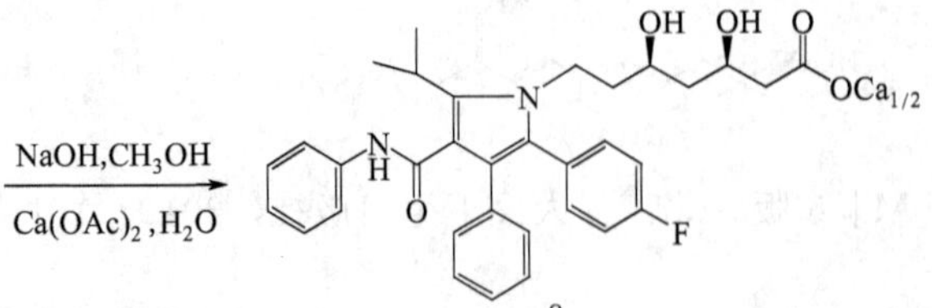

$$\xrightarrow[\text{Ca(OAc)}_2,\text{H}_2\text{O}]{\text{NaOH,CH}_3\text{OH}}$$

8

参考文献：陈仲强，陈虹主编．现代药物的制备与合成：第一卷［M］．北京：化学工业出版社，2011：439-441．

【机理分析】

1→2：LDA 是一个位阻很大的碱。N 向两个苯环供电子，向羰基供电子能力很弱，故该内酰胺中羰基正电性较强。

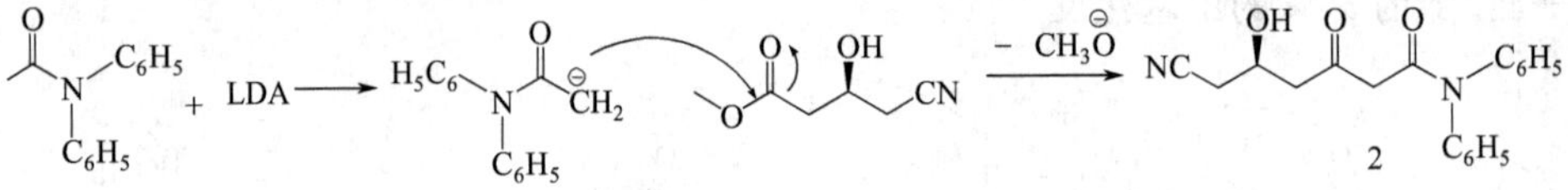

2→3：

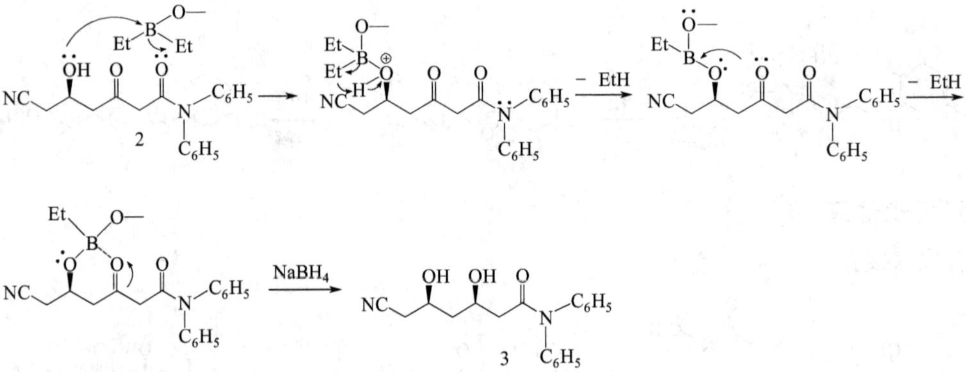

2

NaBH₄

3

3→4：缩酮置换。

3

- CH₃OH

- CH₃OH

- CH₃OH

- H⁺

4

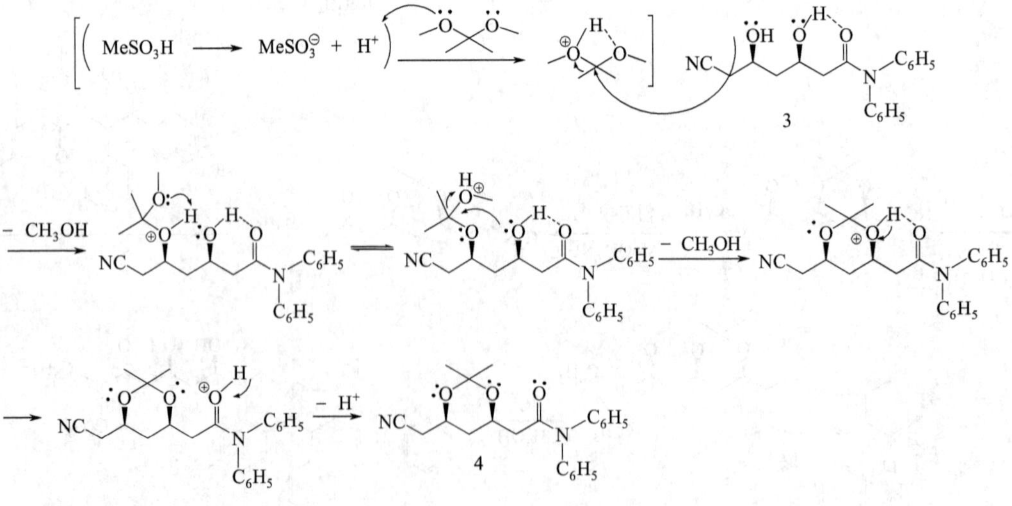

4→5：氰基还原伯氨基。

（雷尼镍，H_2 → $\dot{N}i$ + H_2）→

$5→6$：Paal-Knorr 反应。

$6→7$：缩酮水解，机理略。

$7→8$：酰胺水解，成盐，机理略。

匹伐他汀钙

合成路线：

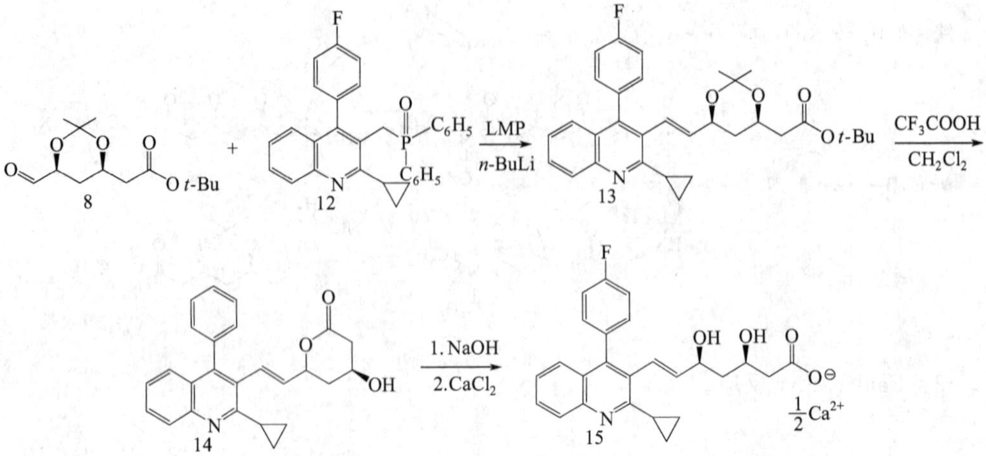

参考文献：陈仲强，陈虹主编．现代药物的制备与合成：第一卷［M］．北京：化学工业出版社，2011：434-439.

【机理分析】

1→2：

$$BnOH + NaH \longrightarrow BnONa + H_2$$

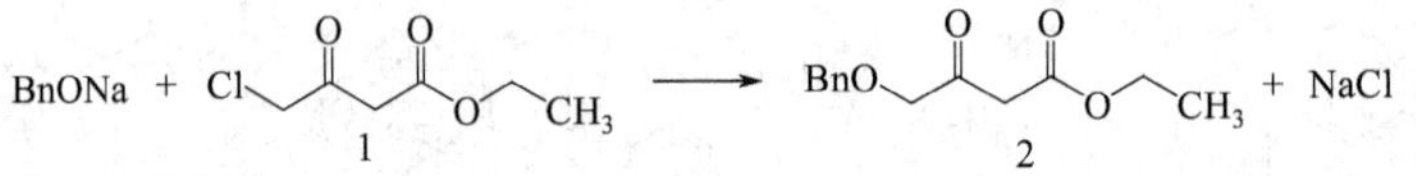

2→3：酮基碳正电性比酯碳正电性更强，优先还原。通过络合，提高选择性还原度，乙醇分解。

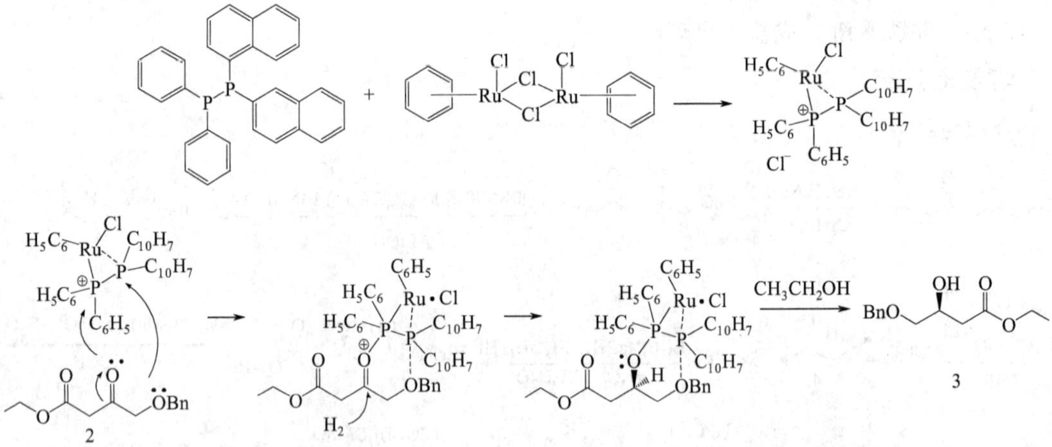

3→4：碳的酰化，通过烯醇重排。

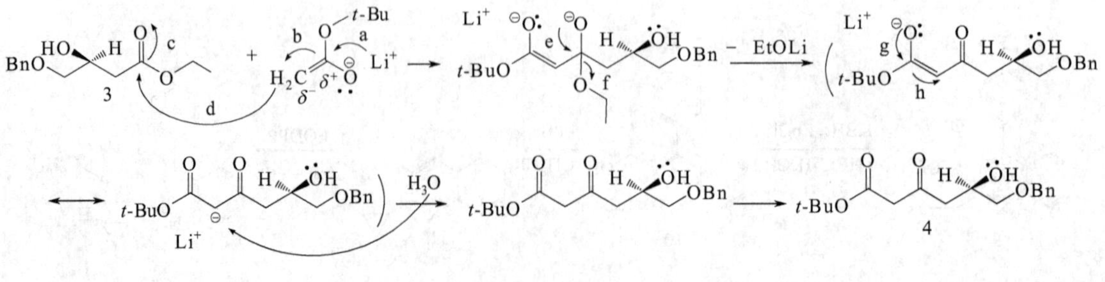

4→5：络合，还原，氧化，水解。

5→6：缩酮，参见"阿托伐他汀"的 3→4。

6→7：脱苄还原，苄自由基稳定性较高，易于生成。

7→8：氧化。

9→10：络合，增加碳的正电性，再被 KBH_4 还原。

10→11：溴代，P 有 3d 空轨道，可以暂时容纳电子，由于 3d 轨道能量较高，不稳定，易于失去电子。

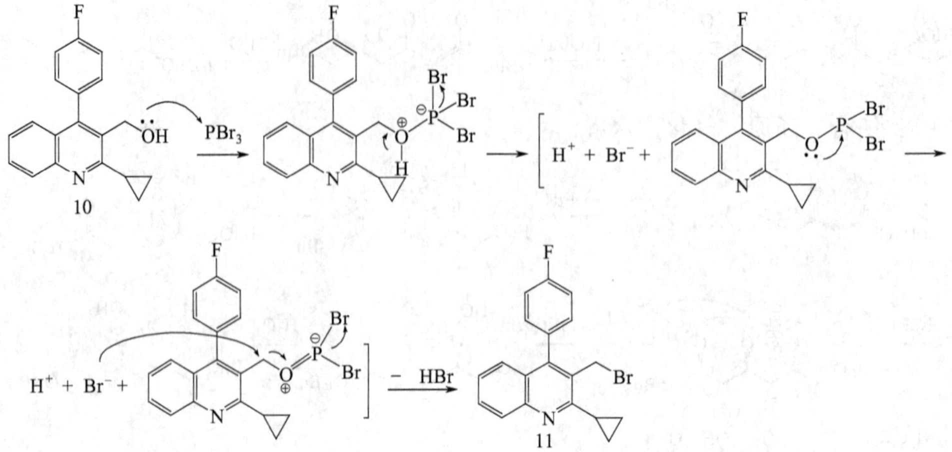

11→12：磷的烃化。

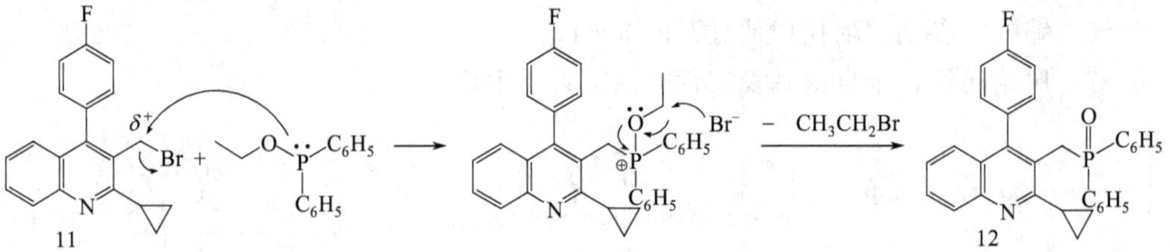

12＋8→13：Wittig 反应。

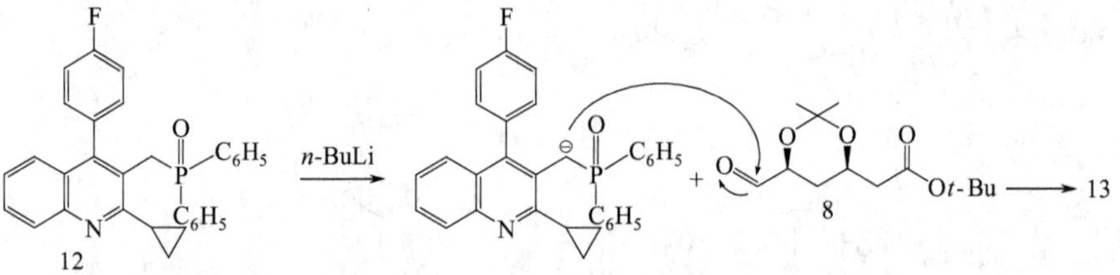

13→14：叔丁基酯水解，缩酮水解，然后关环，机理略。

14→15：碱水解开环，成盐。

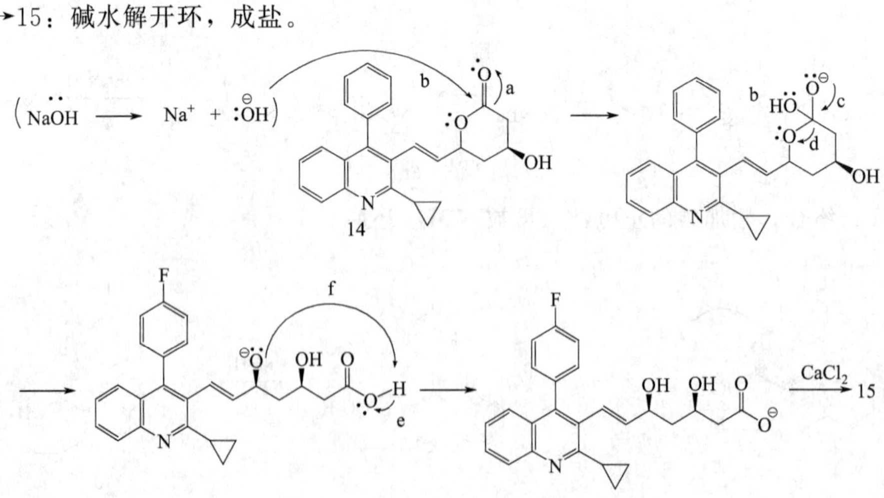

氯吡格雷

合成路线：

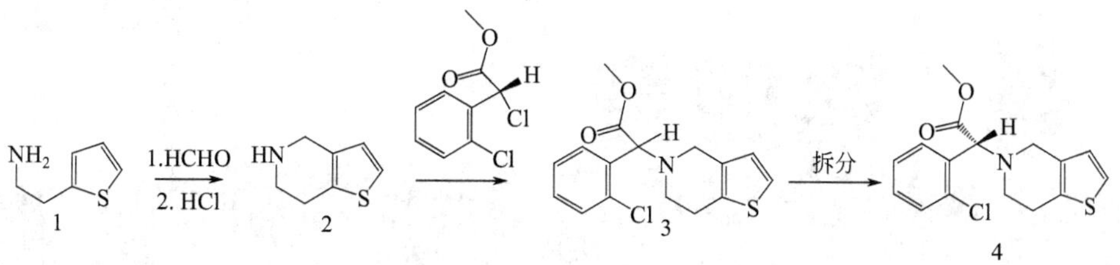

参考文献：郑虎主编．药物化学［M］．6 版．北京：人民卫生出版社，2010：165.

【机理分析】

1→3：关环，N 的甲基化。

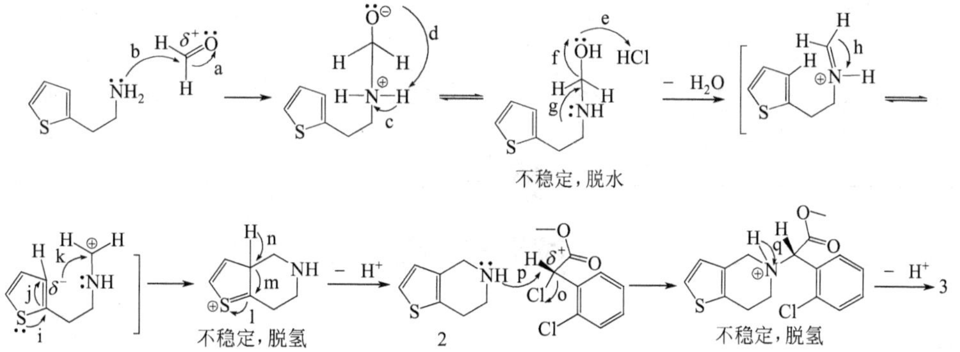

不稳定,脱水

不稳定,脱氢

3→4：拆分，机理略。

华法林

合成路线：

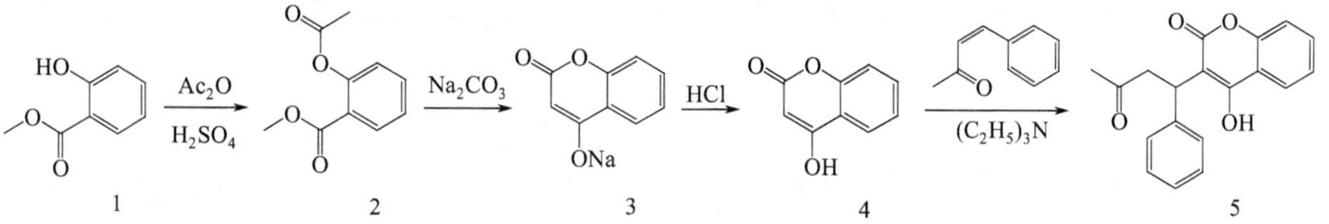

参考文献：郑虎主编．药物化学［M］．6 版．北京：人民卫生出版社，2010：166.

【机理分析】

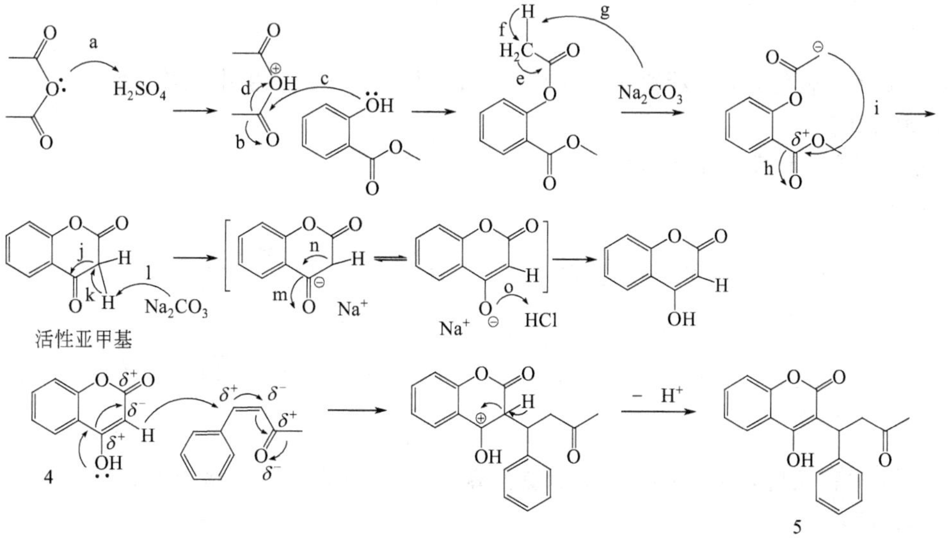

活性亚甲基

第四章

消化系统药物

西咪替丁

合成路线:

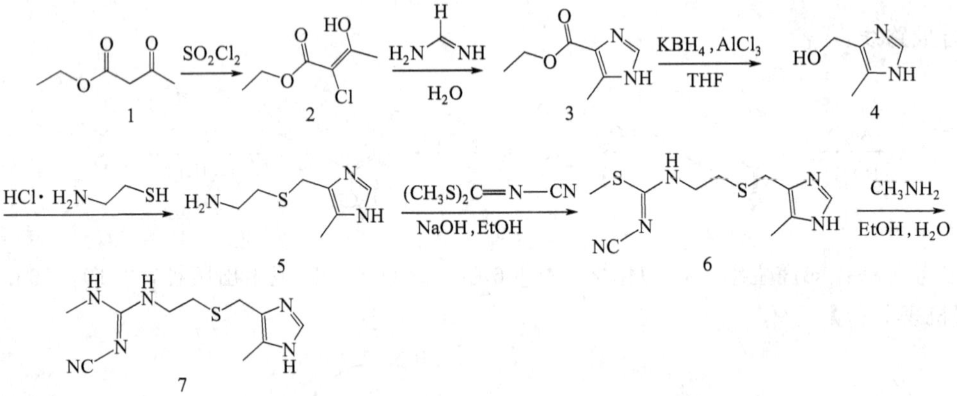

参考文献:郑虎主编. 药物化学［M］.6 版. 北京:人民卫生出版社,2010:176.

【机理分析】

1→2:可能两种反应相互竞争。

① 自由基反应。

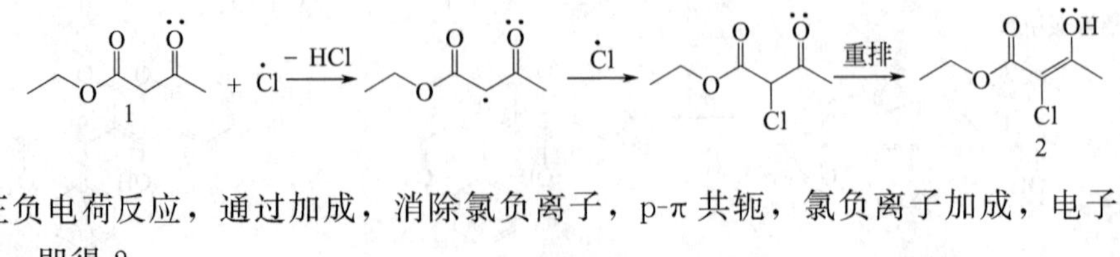

② 正负电荷反应,通过加成,消除氯负离子,p-π 共轭,氯负离子加成,电子转移,消除,重排,即得 2。

$2 \rightarrow 3$：

$3 \rightarrow 4$：还原，通过三氯化铝络合羰基，提高酯健中羰基碳的正电荷，有利于还原。

$4 \rightarrow 5$：硫醇，具有酸性，咪唑甲醇活性很大，和质子结合，受到硫负离子进攻，易于脱去，再经中和，即得。

$5 \rightarrow 6$：氨基和碳氮双键加成，然后脱去甲硫醇，即得。

$6 \rightarrow 7$：甲胺对碳氮双键加成，然后脱去甲硫醇，即得。

法莫替丁

合成路线：

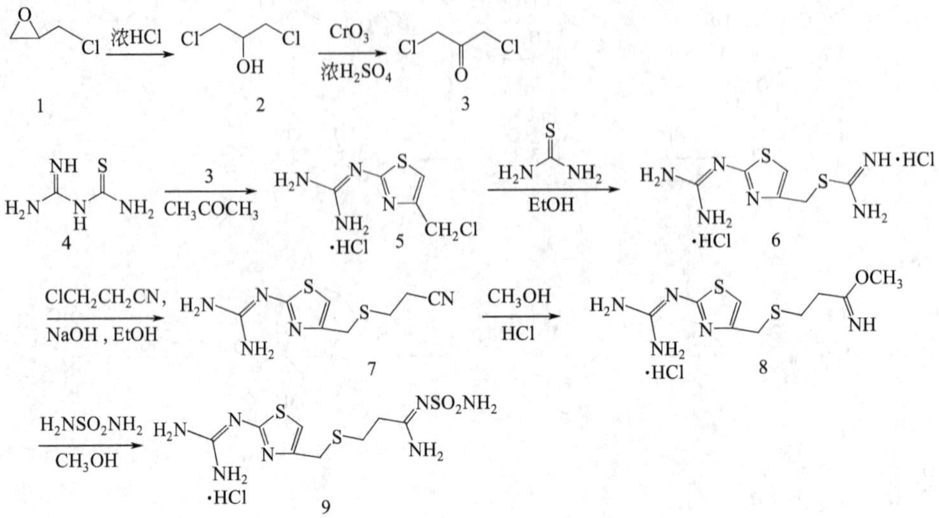

参考文献：陈芬儿．有机药物合成法［M］．北京：中国医药科技出版社，1999：220-223.

【机理分析】

1→2：

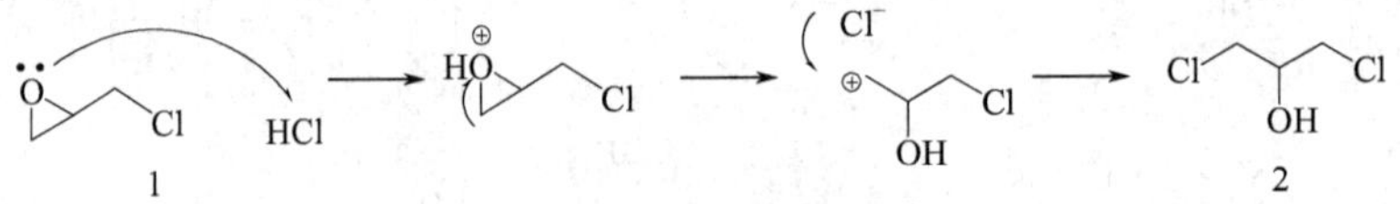

2→3：氧化，多机理相互竞争，以自由基氧化机理，进行说明。

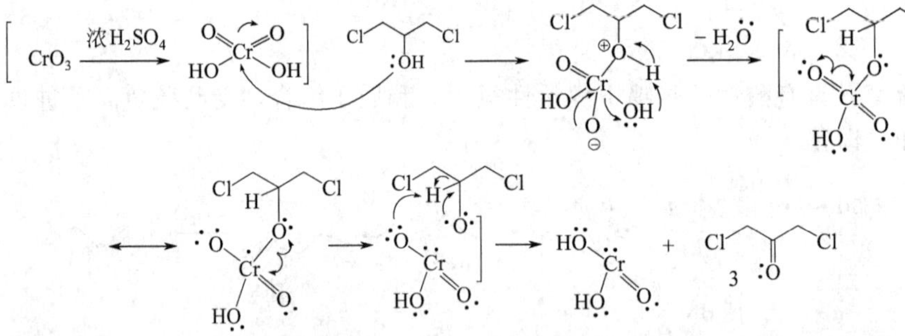

也可能存在正负电荷，通过五元环过渡态氧化。当然，其中四价铬遇到6价铬，会转变5价铬，5价铬很不稳定，亦参与氧化反应，不再论述。

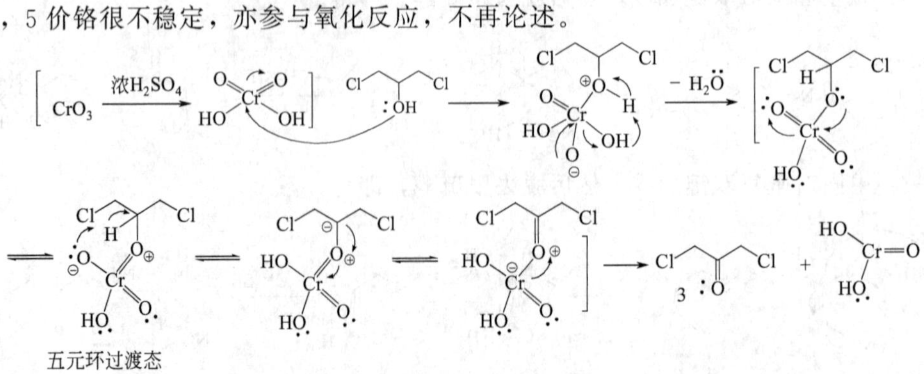

五元环过渡态

3＋4→5：

5→6：

6→7：

7→8：甲醇对氰基的加成。

8→9：磺胺对亚胺酯的取代。

奥美拉唑

合成路线：

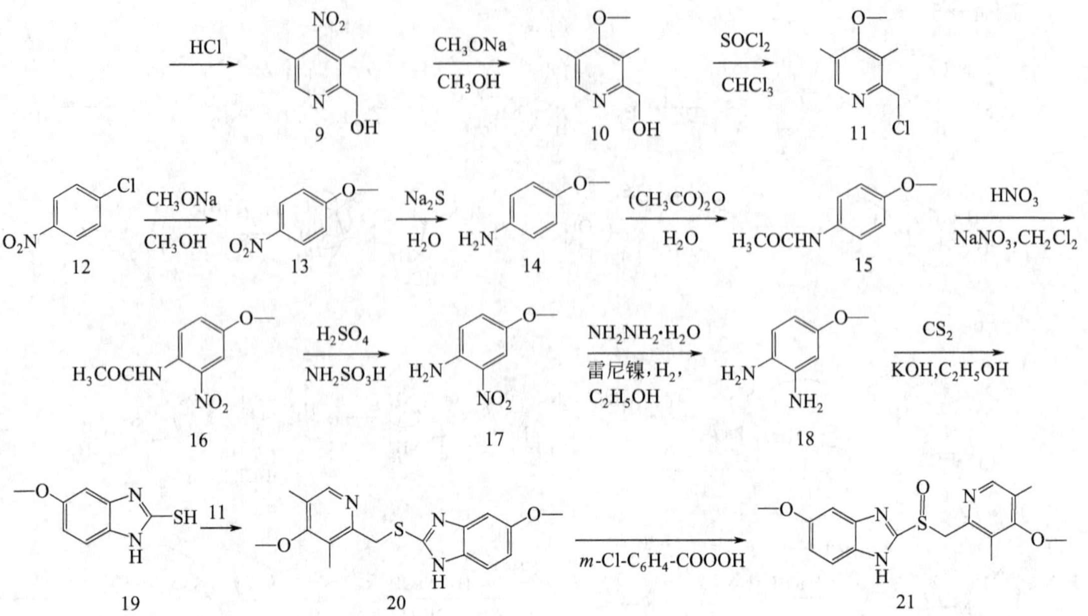

参考文献：
［1］ 郑虎主编．药物化学［M］．6版．北京：人民卫生出版社，2010：180.
［2］ 陈芬儿．有机药物合成法［M］．北京：中国医药科技出版社，1999：82-87.
［3］ 陈仲强，陈虹主编．现代药物的制备与合成：第一卷［M］．北京：化学工业出版社，2011：454-455.

【机理分析】

1→2：氨对羰基加成，消除水。

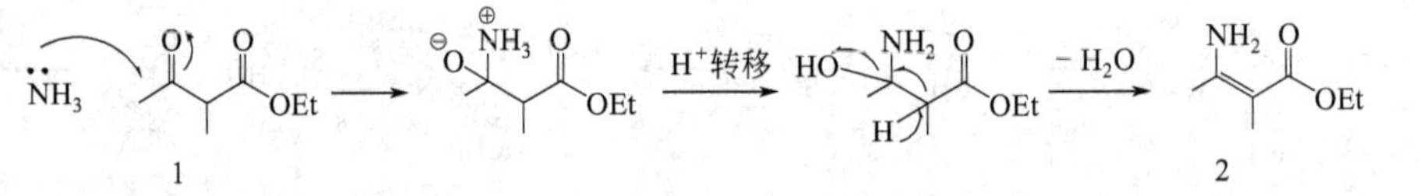

2→3：加成，消除。

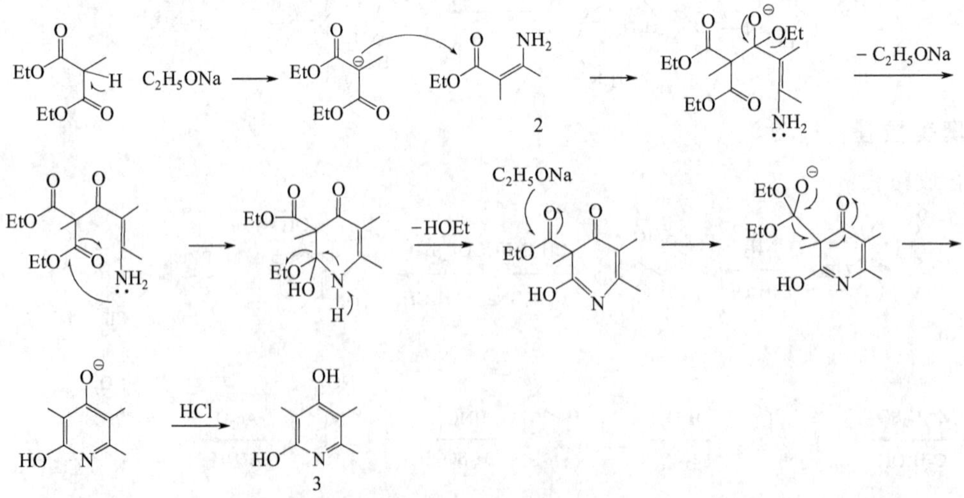

3→4：氯化。需要氯化两次。$POCl_3$ 对化合物中两个 OH 的氯化，并无明显优先顺序，

二者是一对相互竞争的关系。$POCl_3$ 过量时，两个 OH 可以完全氯化，然后碱化。

4→5：还原。自由基还原。自由基在还原过程中相互竞争，先后顺序并不明显，因为自由基非常活泼。

5→6：氧化。

6→7：硝化。

7→8：酰化，难度较大。实际通过六元环过渡态实现酰基转移。

8→9：酯键水解。

9→10：取代反应，甲氧基取代硝基。

10→11：氯代，机理略。

12→13：O 的烃化反应，取代反应。

13→14：硝基还原，机理比较复杂，也存在多机理相互竞争。

$$Na_2S + H_2O \longrightarrow NaOH + NaSH$$

14→15：N 的酰化，机理略。

15→16：苯环硝化，机理略。

16→17：酰胺水解，机理略。

17→18：硝基还原，H 自由基还原反应，机理略。

18→19：氨基与二硫化碳加成，消除。

19＋11→20：

20→21：

兰索拉唑

合成路线：

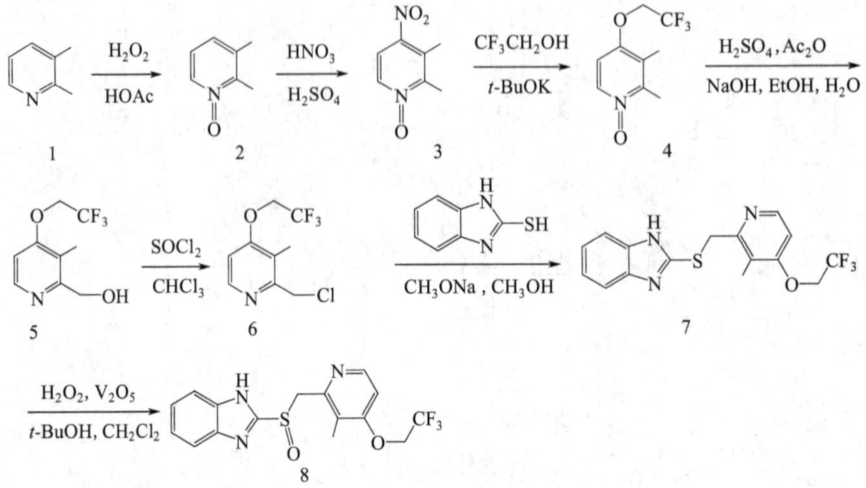

参考文献：陈仲强，陈虹主编．现代药物的制备与合成：第一卷［M］．北京：化学工业出版社，2011，456-457.

【机理分析】

1→2：氧化。氧化机理与"奥美拉唑"下面5→6氧化机理类似。

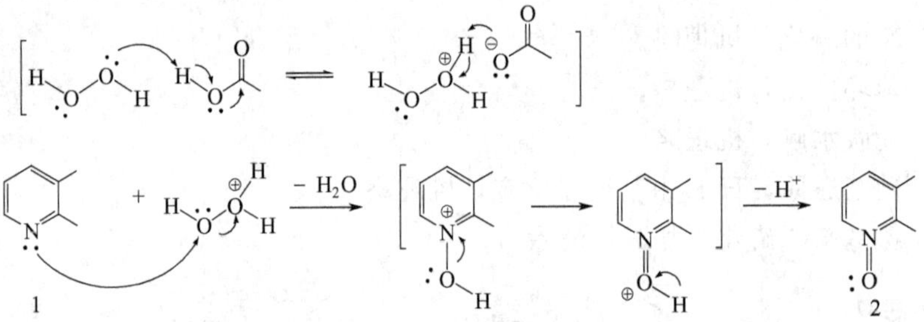

2→3：硝化。该化合物机理推导的关键是判断吡啶的正负电荷，带负电荷的吡啶进攻硝酸阳离子，其中氮杂烯酮的判断可以参照碳烯酮判断。

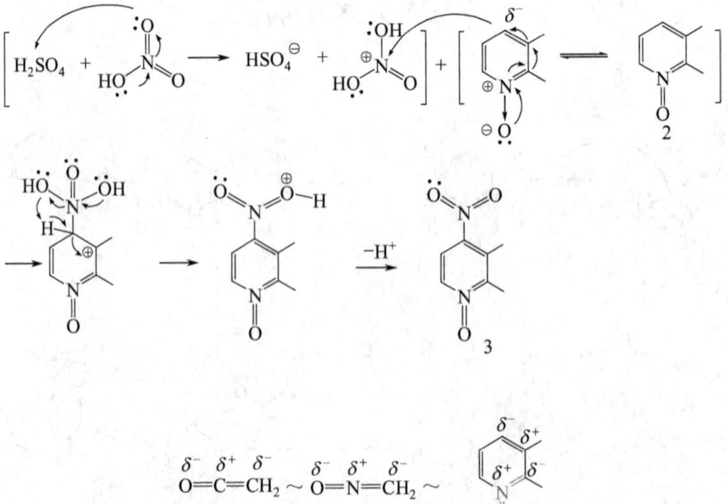

碳烯酮：

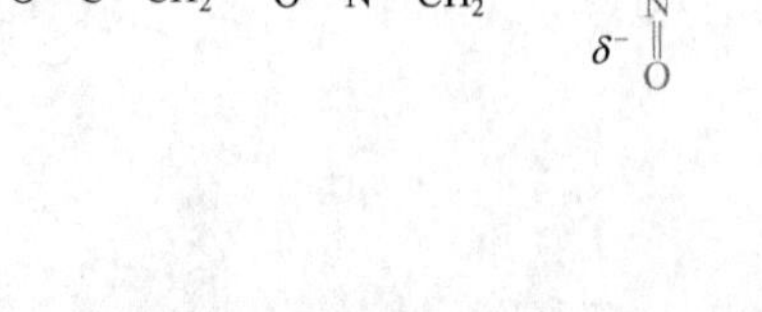

3→4：叔丁醇钾是个很强的碱，三氟乙醇先和叔丁醇钾发生反应，生成三氟乙醇负离子，然后取代硝基。

4→5：酰化，酰化机理参见"奥美拉唑"下面的 7→8 酰化机理。然后水解，水解机理略。

5→6：氯化。

6→7：硫的烃化。

7→8：氧化。

第二节
止吐药和保肝药

盐酸昂丹司琼

合成路线：

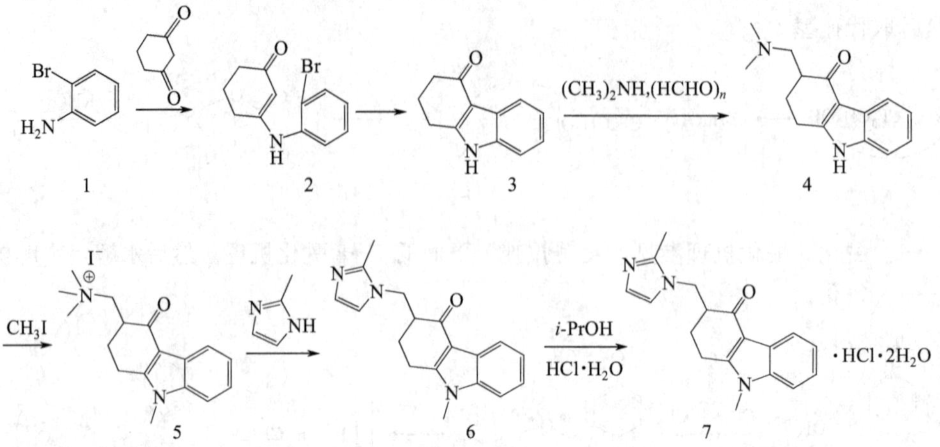

1　　　　2　　　　3　　　　　　4

5　　　　　6　　　　　7

参考文献：郑虎主编．药物化学［M］．6 版．北京：人民卫生出版社，2010：186.

【机理分析】

1→2：

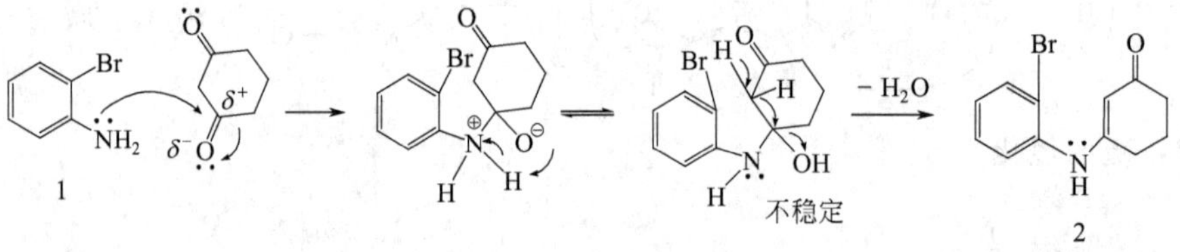

2→3：

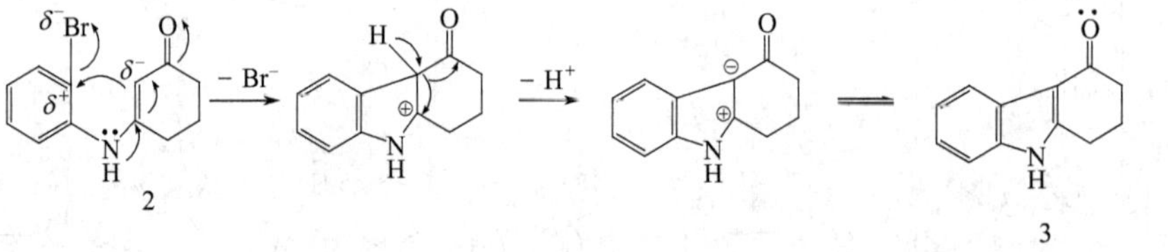

3→4：

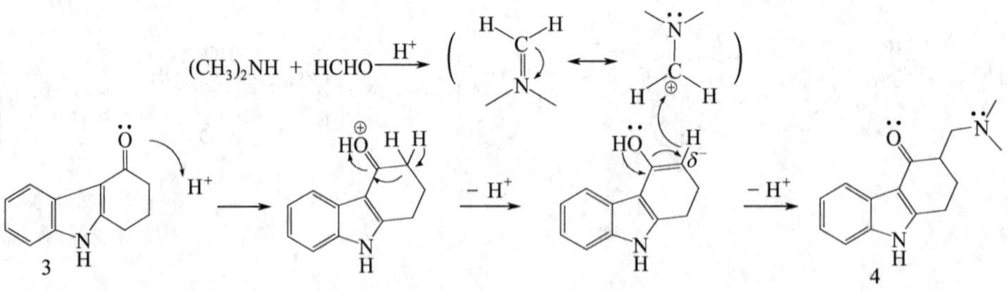

4→5：

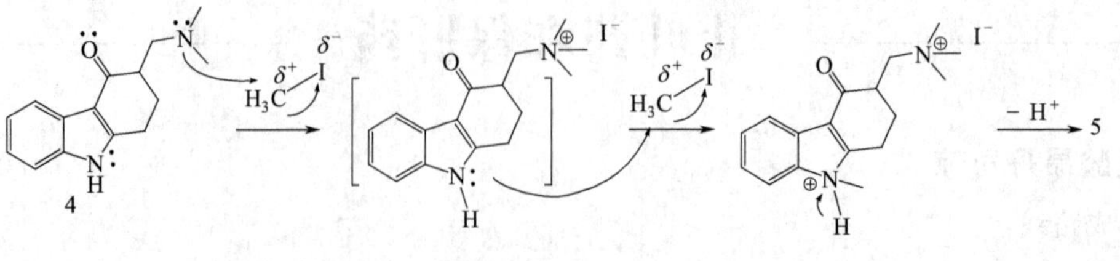

5→7：

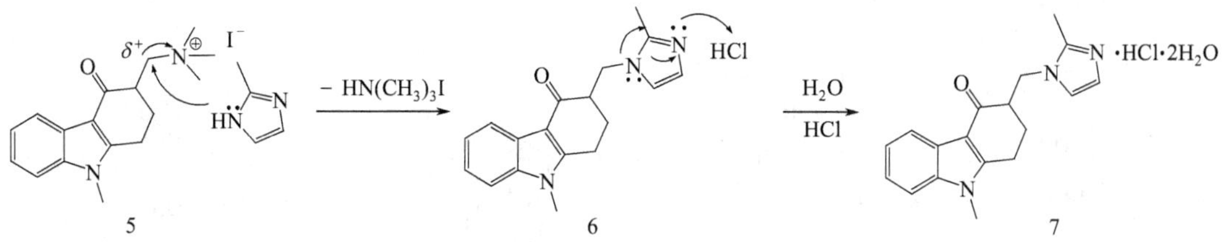

盐酸地芬尼多

合成路线：

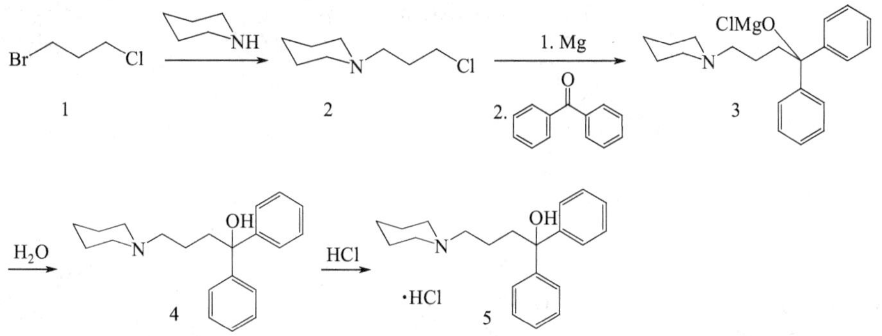

参考文献：郑虎主编．药物化学［M］．6 版．北京：人民卫生出版社，2010：187.

【机理分析】

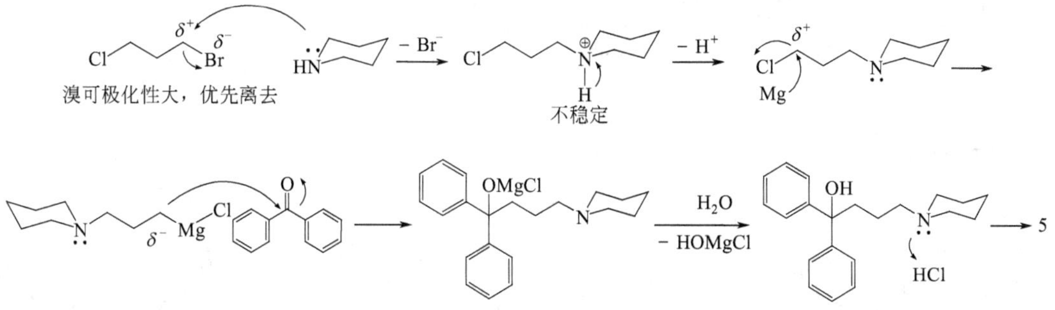

溴可极化性大，优先离去

不稳定

甲氧氯普胺

合成路线：

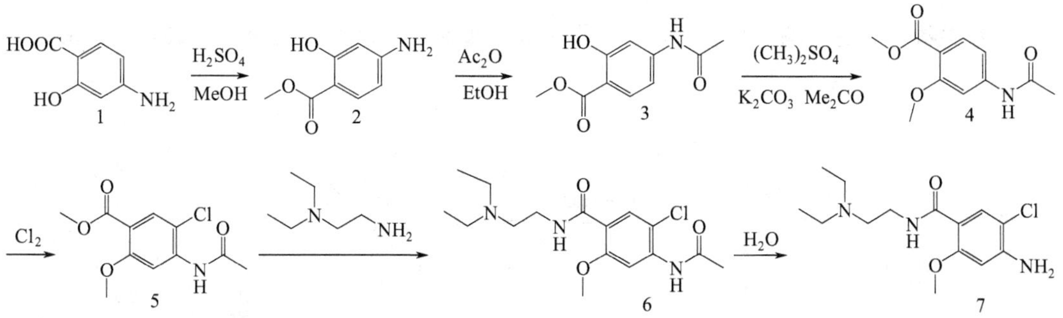

参考文献：郑虎主编．药物化学［M］．6 版．北京：人民卫生出版社，2010：191.

【机理分析】

1→5：

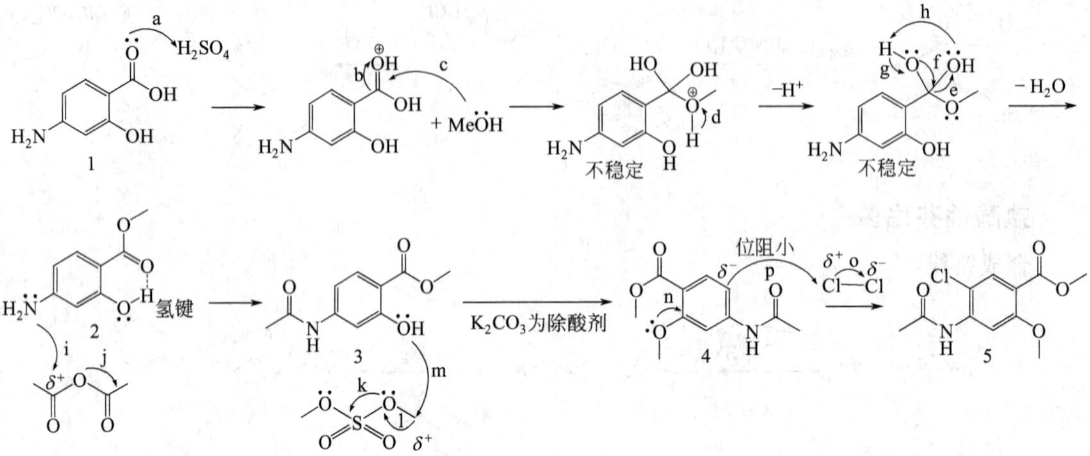

5→7：

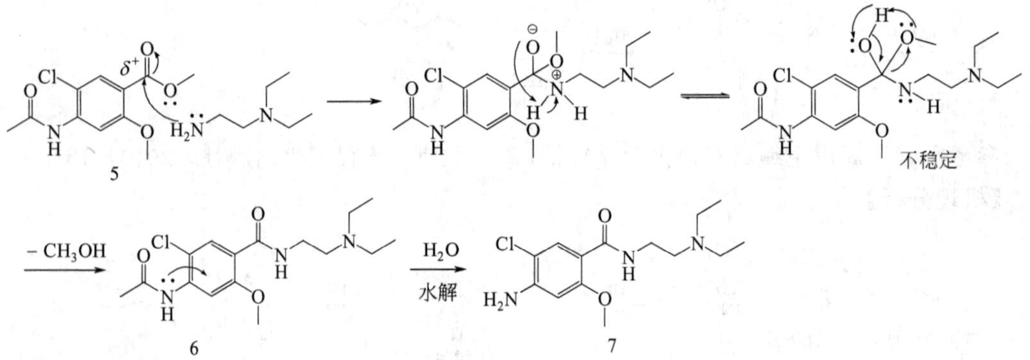

联苯双酯

合成路线：

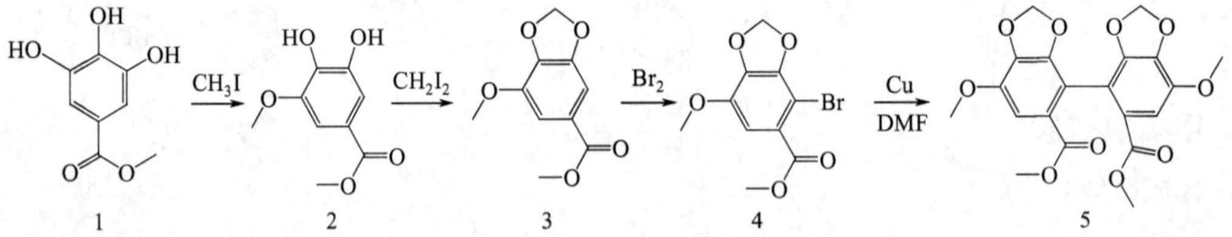

参考文献：郑虎主编．药物化学［M］．6版．北京：人民卫生出版社，2010：195.

【机理分析】

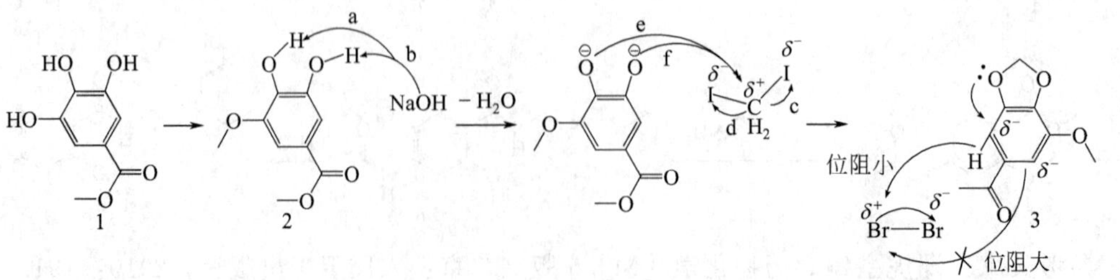

熊去氧胆酸

合成路线：

参考文献：郑虎主编. 药物化学 ［M］. 6 版. 北京：人民卫生出版社，2010：197.

【机理分析】

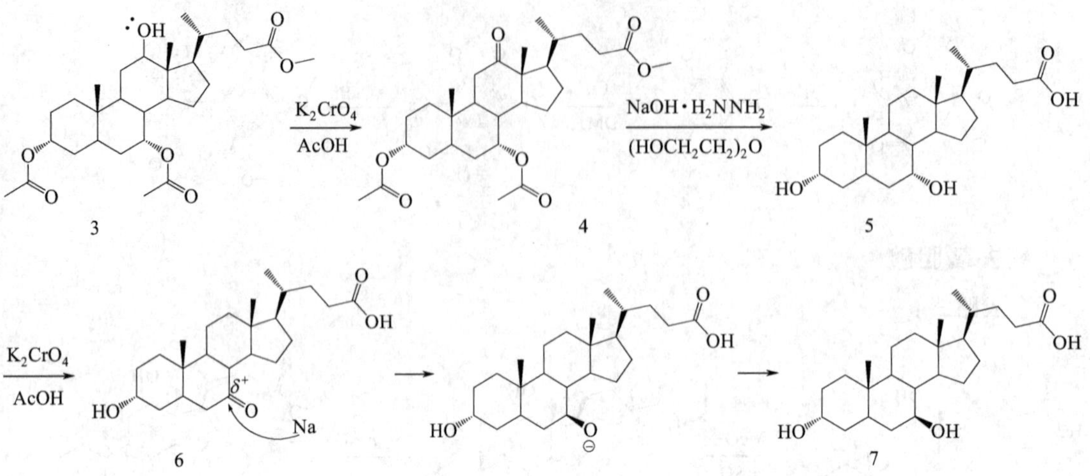
OH
O
K$_2$CrO$_4$
AcOH
NaOH·H$_2$NNH$_2$
(HOCH$_2$CH$_2$)$_2$O
OH
HO
3
4
5
K$_2$CrO$_4$
AcOH
δ+
Na
O⊖
6
7

解热镇痛抗炎药物

第一节

经典解热镇痛抗炎药

阿司匹林

合成路线：

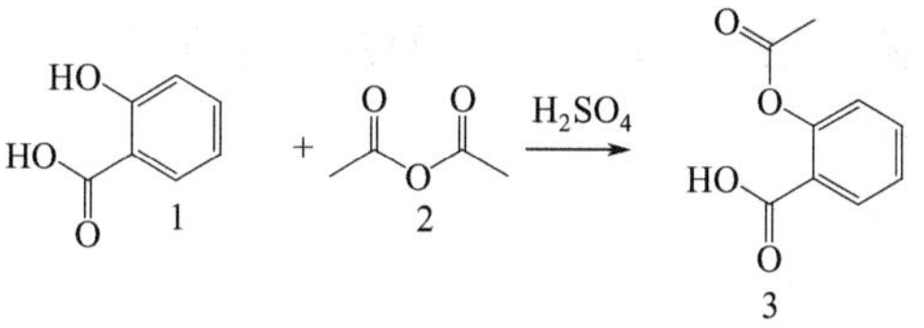

参考文献：

[1] 郑虎主编.药物化学 [M].6 版.北京：人民卫生出版社，2010：198-201.

[2] 尤启冬主编.药物化学 [M].6 版.北京：中国医药科技出版社，2000，122-124.

【机理分析】

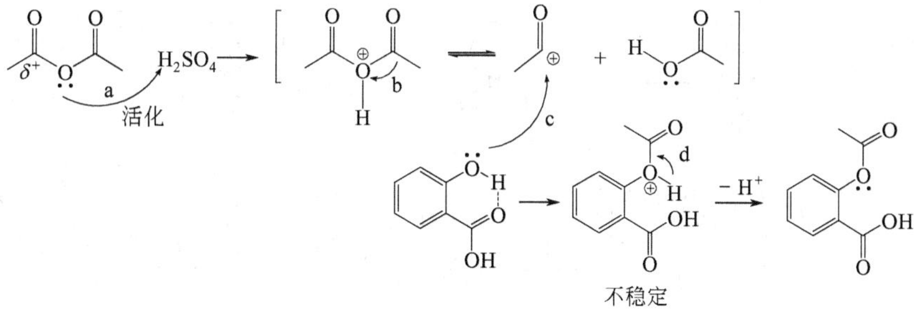

对乙酰氨基酚

合成路线：

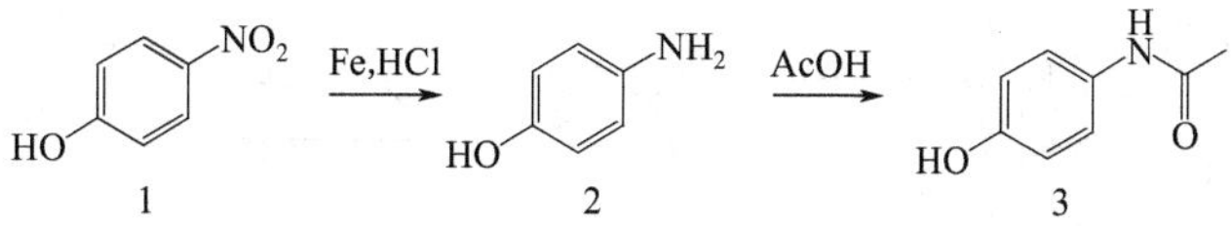

参考文献：郑虎主编．药物化学［M］．6 版．北京：人民卫生出版社，2010：202-204.

【机理分析】

1→2：硝基还原，还原剂为铁粉，机理略。

2→3：N 的酰化。

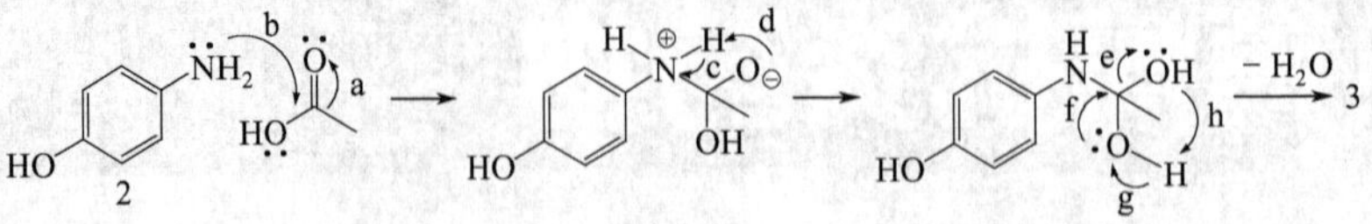

酮咯酸

合成路线：

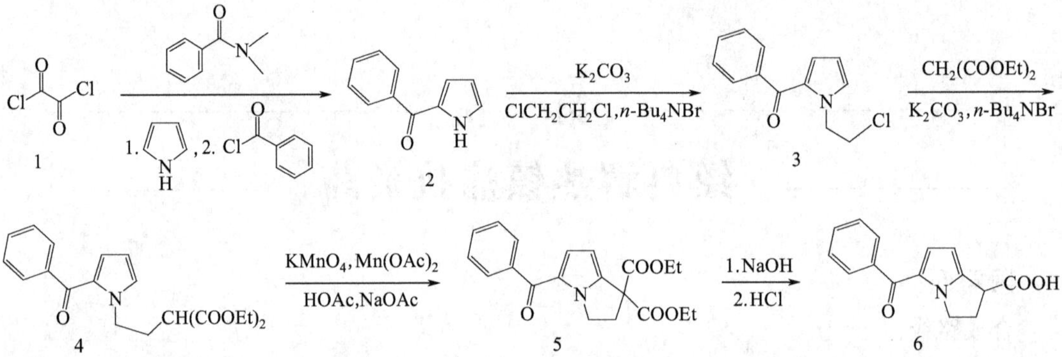

参考文献：陈仲强，陈虹主编．现代药物的制备与合成：第一卷［M］．北京：化学工业出版社，2011：223-224.

【机理分析】

1→2：

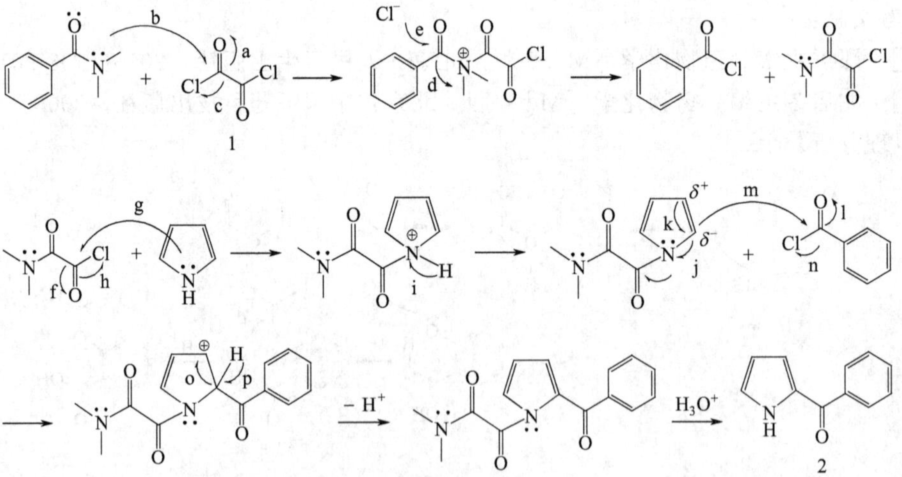

2→3：

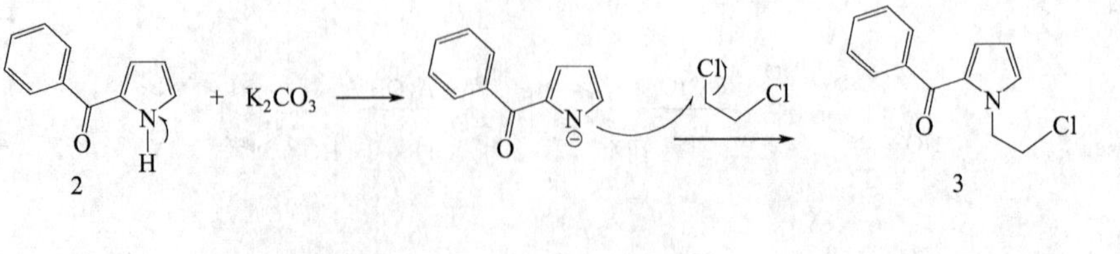

3→4：

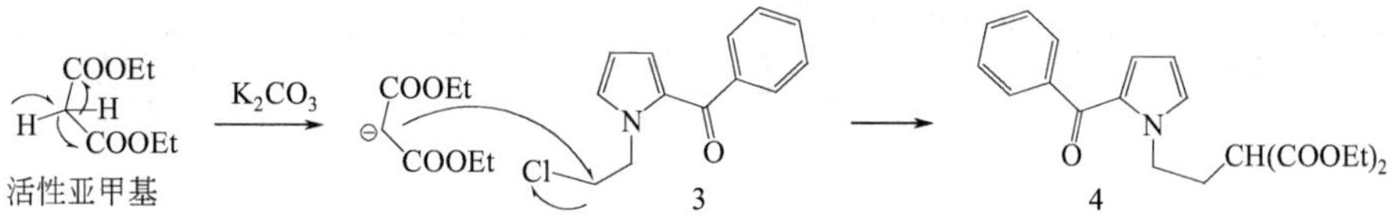

活性亚甲基

KMnO$_4$ + Mn(OAc)$_2$ ⟶ Mn

4→5：

CH(COOEt)$_2$

(EtOOC)$_2$C

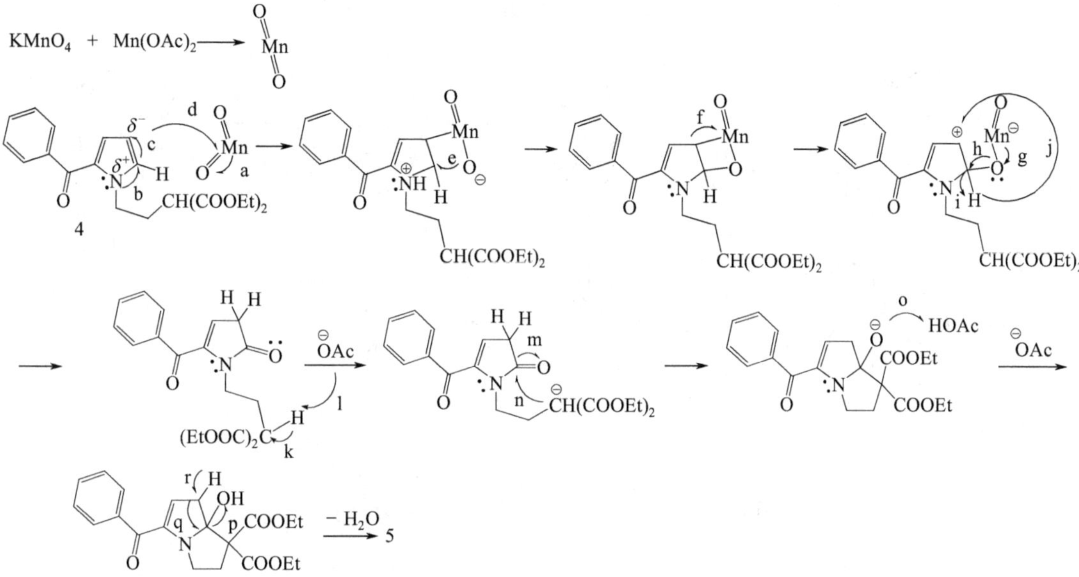

5→6：酯键水解，在酸性条件下脱羧，机理参见"奥美拉唑"的8→9。

依托度酸

合成路线：

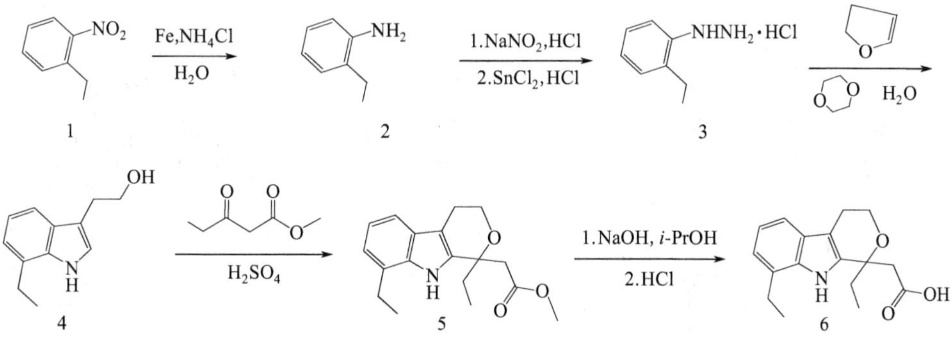

参考文献：陈仲强，陈虹主编. 现代药物的制备与合成：第一卷 [M]. 北京：化学工业出版社，2011：224-225.

【机理分析】

1→2：硝基铁粉还原，自由基还原反应，机理参见"地西泮"的2→3。

2→3：重氮盐反应，机理略。

3→4：Fischer 吲哚的合成反应。

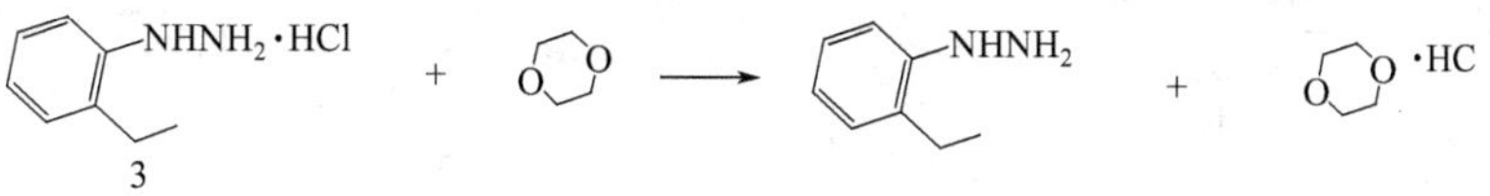

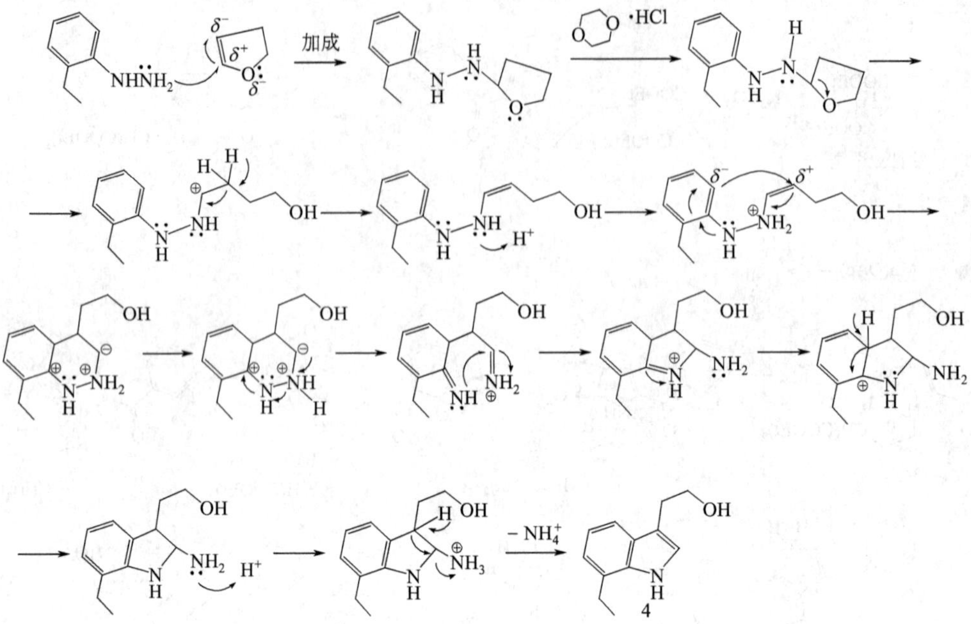

加成

·HCl

$4 \rightarrow 5$：

4

H_2SO_4

4

H_2SO_4

5

$- H_2O$

5

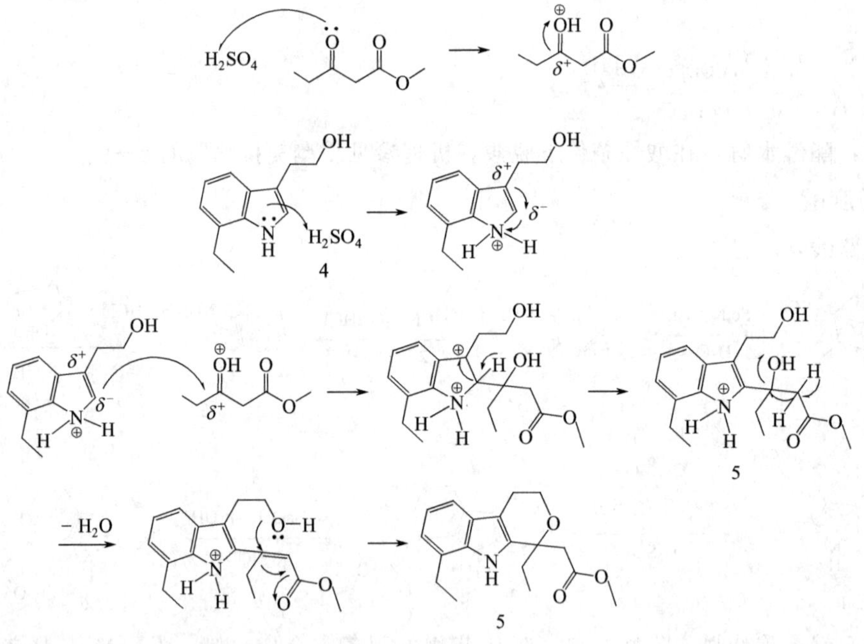

$5 \rightarrow 6$：酯键水解，机理略。

酮洛芬

合成路线：

$HOCH_2CH_2OH$
$p\text{-TsOH}$
C_6H_6

$PhCH_2CN$
$NaOH, EtOH$

Fe/HCl
$EtOH$

1　　　　　2　　　　　3　　　　　4

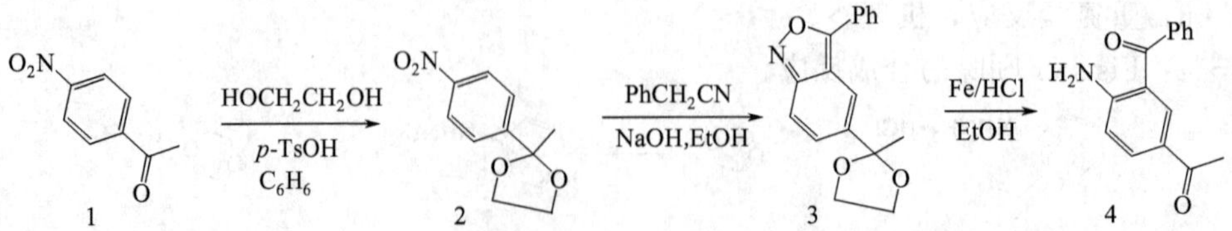

参考文献：陈仲强，陈虹主编．现代药物的制备与合成：第一卷［M］．北京：化学工业出版社，2011：228-229.

【机理分析】

1→2：缩酮反应，通过苯供沸脱水。

2→3：

3→4：自由基还原反应，机理见"地西泮"中的 2→3。

4→5：重氮化，脱氮，机理略。

5→6：Darzens 反应，水解，脱羧，重排。

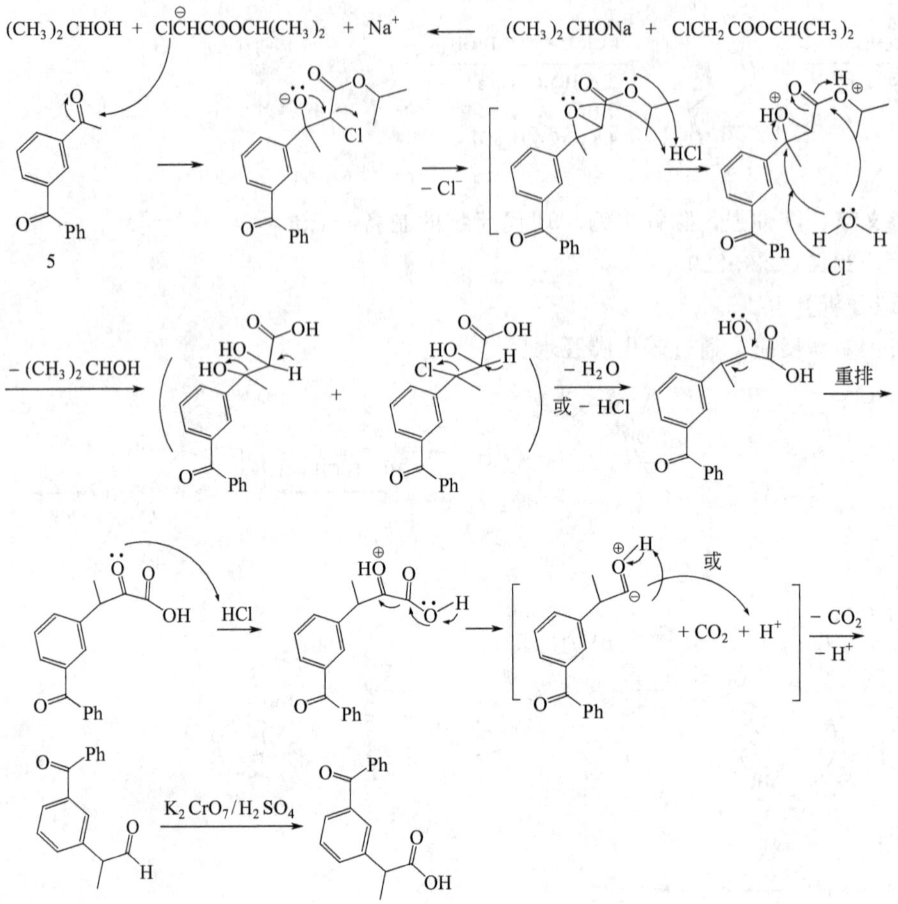

$(CH_3)_2CHOH + ClCHCOOCH(CH_3)_2 + Na^+ \longleftarrow (CH_3)_2CHONa + ClCH_2COOCH(CH_3)_2$

$\xrightarrow{K_2CrO_7/H_2SO_4}$

吲哚美辛

合成路线：

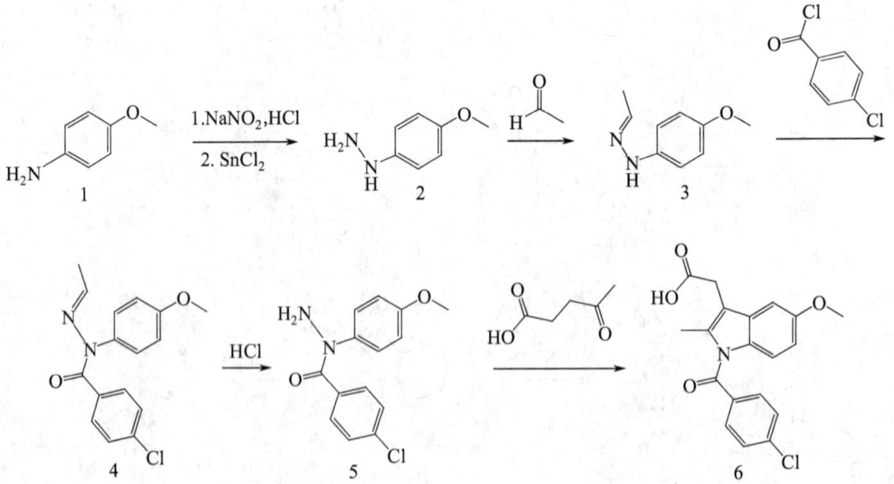

参考文献：郑虎主编．药物化学［M］．6 版．北京：人民卫生出版社，2010：209-211．

【机理分析】

1→2：芳伯胺重氮化，还原；

2→3：席夫碱反应。

3→4：N 的酰化。

4→5：亚胺水解。

5→6：Fischer 吲哚合成 [3,3]-σ 迁移重排。

4-联苯乙酸

合成路线：

$$\xrightarrow{\text{NaOH, EtOH}}$$

参考文献：陈芬儿．有机药物合成法［M］．北京：中国医药科技出版社，1999：365．

【机理分析】

1→2：傅克酰化反应，机理略。

2→3：硫氧化，Willgerodt 反应。Willgerodt 反应是指苯乙酮或苯乙烯与胺作用，通过硫代苯乙酰胺中间体水解得到苯乙酸的反应。最常用的胺是吗啉，其他还有正己胺、哌啶、环己胺、苯胺、正丁胺等。

过渡态六元环

重排

3→4：水解。

氯苯扎利二钠

合成路线：

参考文献：陈仲强，陈虹主编．现代药物的制备与合成：第一卷［M］．北京：化学工业出版社，2011：230-231.

【机理分析】

1→2：氧化。自由基氧化，存在多种机理，相互之间存在竞争。由于反应竞争比较剧烈，故高锰酸钾应滴加。在碱性条件下，二氧化锰比较稳定，为主要生成物。

2→3：乌尔曼反应。因邻氯空间位阻及负电荷相排斥，优先反应。

$$HCl + KHCO_3 \longrightarrow KCl + H_2O + CO_2\uparrow$$

布洛芬

合成路线：

参考文献：郑虎主编. 药物化学［M］. 6 版. 北京：人民卫生出版社，2010：211-213.

【机理分析】

1→2：碳的烃化。

2→3：酰化。

3→4：Darzens 反应。

4→5：水解、脱羧、重排。

5→6：醛氧化。在碱性条件下氧化（中括内），甲酸中和后方得6。

R-萘普生

合成路线：

参考文献：郑虎主编．药物化学［M］．6版．北京：人民卫生出版社，2010：213-214.

【机理分析】

1→2：O的甲基化。

2→3：傅克酰基化反应。

3→4：Darzens 反应。

4→5：开环，重排。

5→6：还原，氧化、水解，机理略。

6→7：氧化、脱羧。

7→8：分离、拆分。

S-萘普生

合成路线：

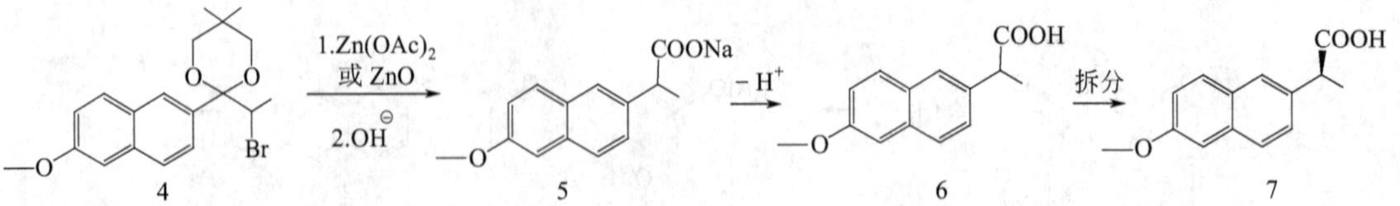

参考文献：周伟澄主编．高等药物化学选论［M］．北京：化学工业出版社，2006：368.

【机理分析】

1→2：傅克酰基化反应，机理略。

2→3：溴化铜为路易斯酸，与羰基作用，生成烯醇；另一分子溴化铜受热，释放出溴分子，溴分子极化，然后和烯醇发生反应，并脱去溴化铜，即得3。

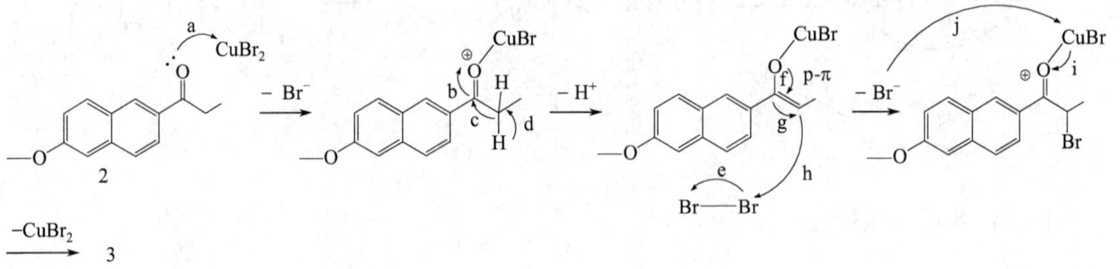

3→4：缩酮化反应，机理略。

4→5：重排

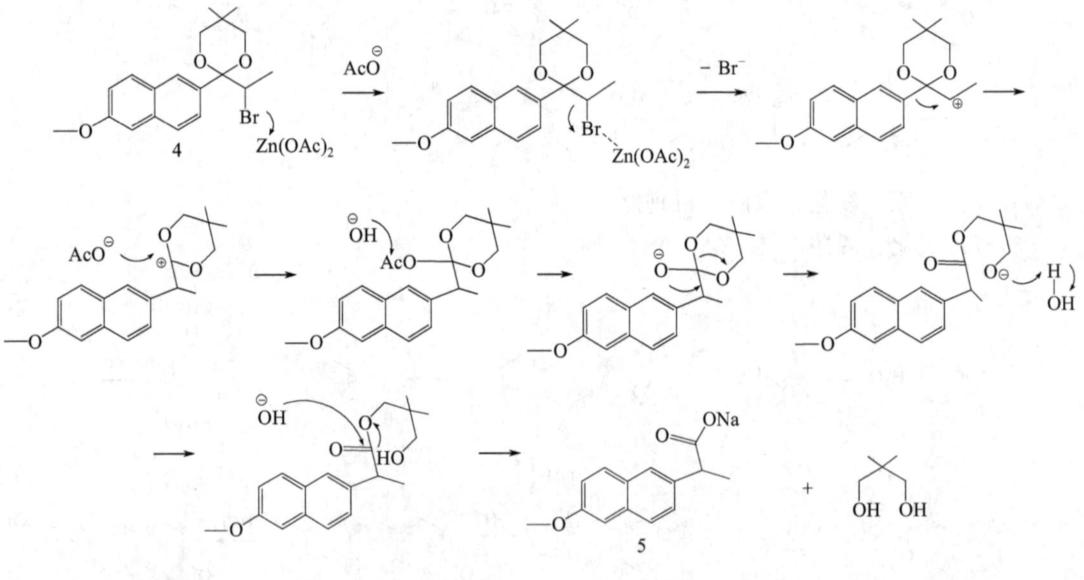

5→7：机理略。

双氯芬酸钠

合成路线：

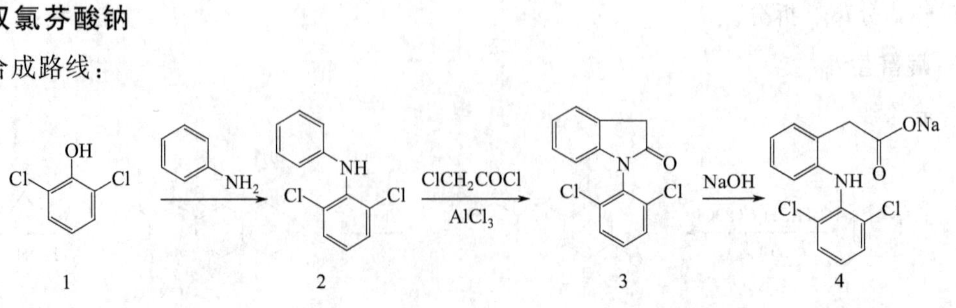

参考文献：郑虎主编. 药物化学 ［M］. 6 版. 北京：人民卫生出版社，2010：214-215.

【机理分析】

1→2：

2→3：

3→4：水解，机理略。

第二节
新型解热镇痛抗炎药

吡罗昔康

合成路线：

参考文献：郑虎主编. 药物化学 ［M］. 6 版. 北京：人民卫生出版社，2010：215-217.

【机理分析】

1→3：

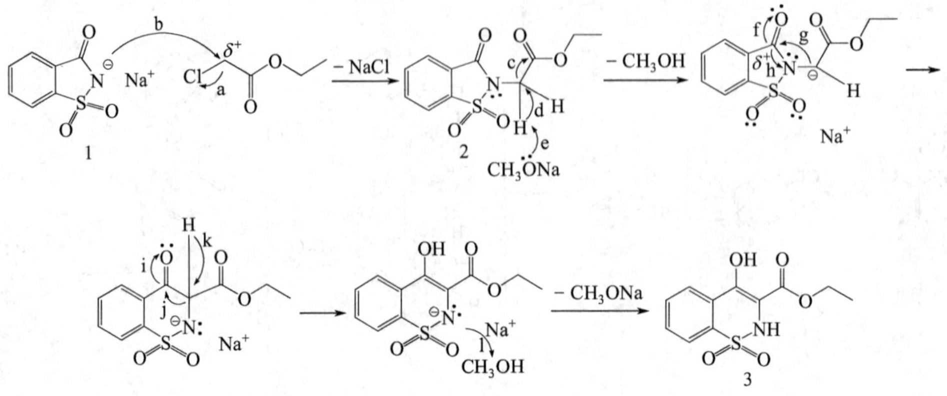

3→4：N 的甲基化，机理略。

4→5：酯键的胺解。

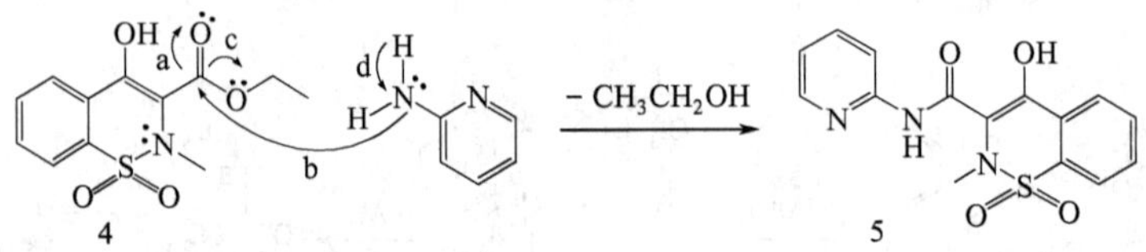

美洛昔康

合成路线：

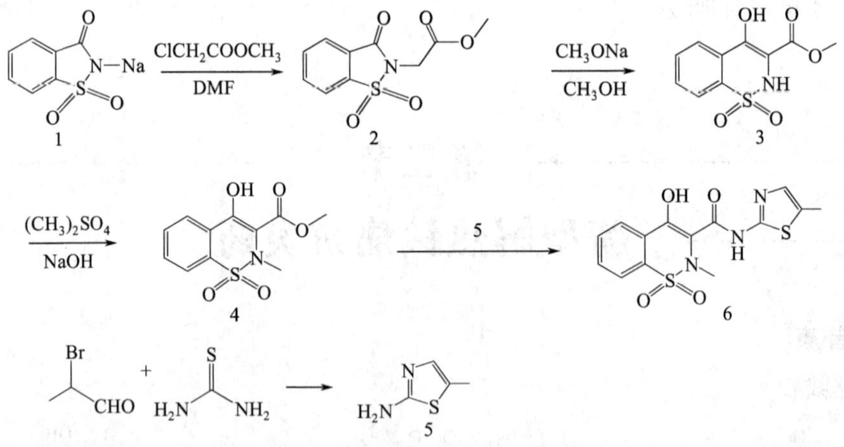

参考文献：周伟澄主编．高等药物化学选论［M］．北京：化学工业出版社，2006：369.

【机理分析】

1→4：参见吡罗昔康。

5 的合成：

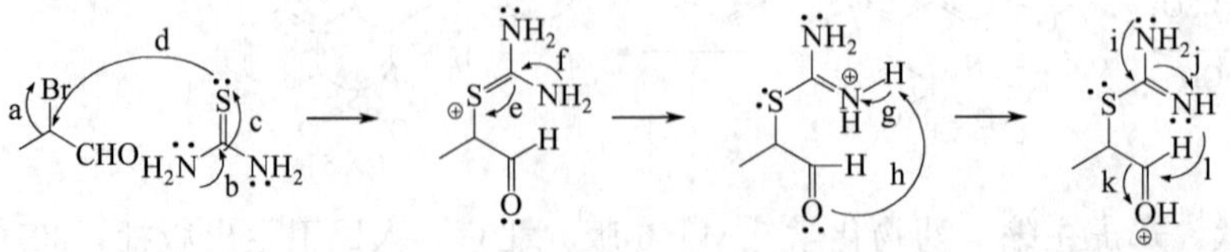

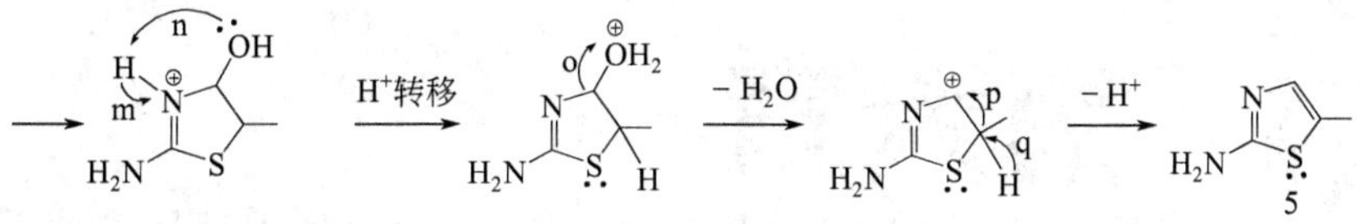

4→6：酯的胺解，机理略。

塞来昔布

合成路线：

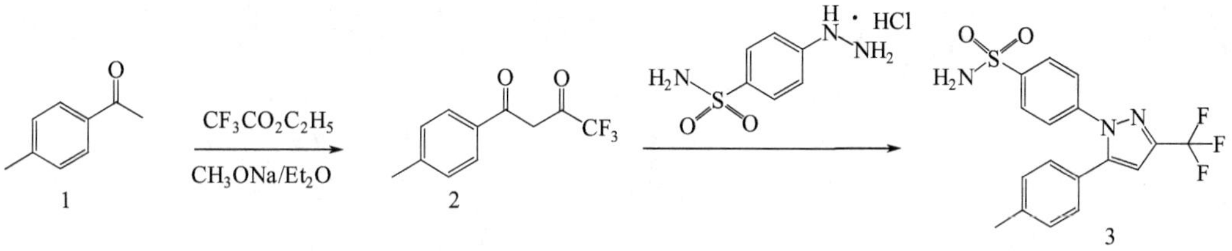

参考文献：郑虎主编. 药物化学 [M].6 版. 北京：人民卫生出版社，2010：220.

【机理分析】

1→2：克莱森酯缩合反应，机理略。

2→3：联氨的席夫碱反应，脱水、关环。

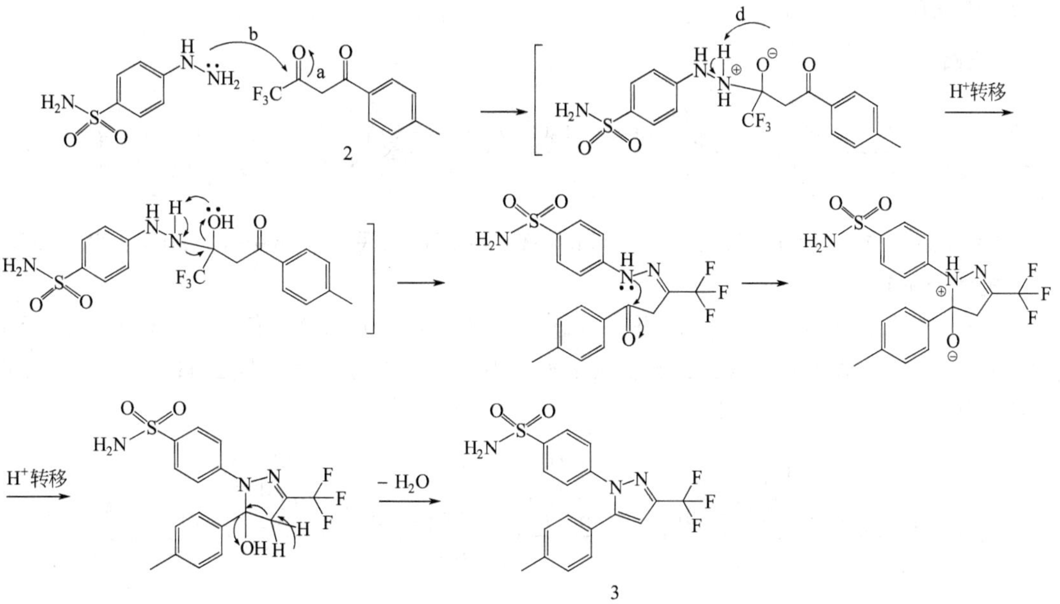

抗肿瘤药物

第一节

烷 化 剂

环磷酰胺

合成路线：

参考文献：郑虎主编. 药物化学 ［M］. 6 版. 北京：人民卫生出版社，2010：255-257.

【机理分析】

$1 \rightarrow 2$：N 或 O 上孤对电子对磷酰三氯进行加成（b），生成磷氧负离子，磷氧负离子由于电场排斥作用，脱去 Cl^-（c）；氮或氧正离子因 O 的吸电子作用，脱去 H^+（d）。吡啶作为除酸剂使用。

$2 \rightarrow 4$：N 上孤对电子对磷酰二氯进行加成（b），生成磷氧负离子，磷氧负离子由于电场排斥作用，脱去 Cl^-（c），氮正离子因吸电子作用，脱去 H^+（d）；O 上孤对电子对磷酰二氯进行加成（f），生成磷氧负离子，磷氧负离子由于电场排斥作用，脱去 Cl^-（g），氧正离子因吸电子作用，脱去 H^+（h）。即得 3。3 与水形成氢键，即得 4。

异环磷酰胺

合成路线：

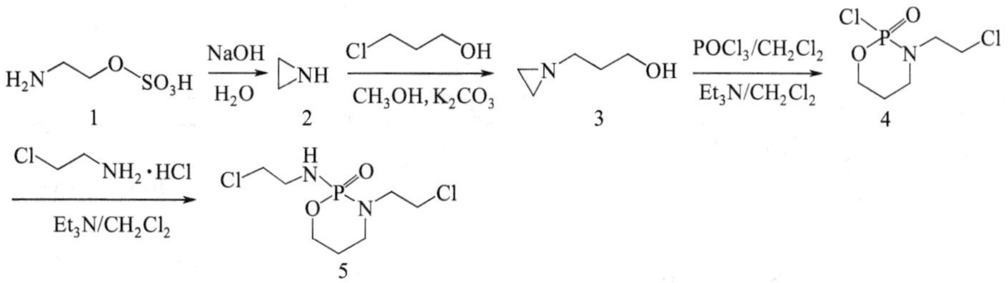

参考文献：陈仲强，陈虹主编．现代药物的制备与合成：第一卷［M］．北京：化学工业出版社，2011：144-146.

【机理分析】

1→2：必先用碱中和 2-氨乙基硫酸，否则硫酸与氨基成盐，难以进行反应。硫酸根负离子，具有较大的 π 键，O 上的孤对电子向 π 键转移（a），增加了 O 的吸电子能力（b），从而导致氨基上的孤对电子进攻带正电荷的碳（c）。

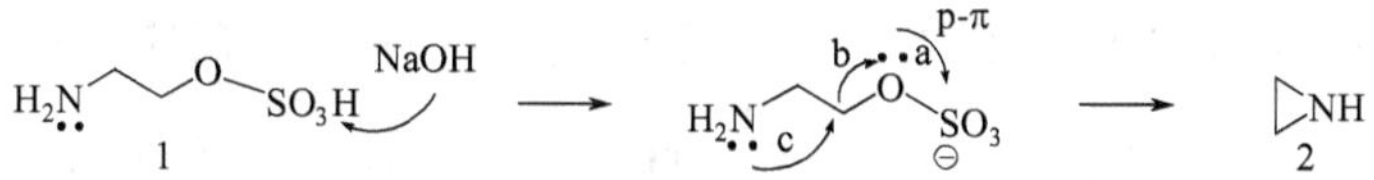

2→3：N 的烃化。因 Cl 吸电子作用（a），N 的孤对电子进攻带正电荷的碳（b）并脱去Cl⁻，N 正离子因吸电子效应显著增加，脱去 H⁺（c），K_2CO_3 作为除酸剂（d）。

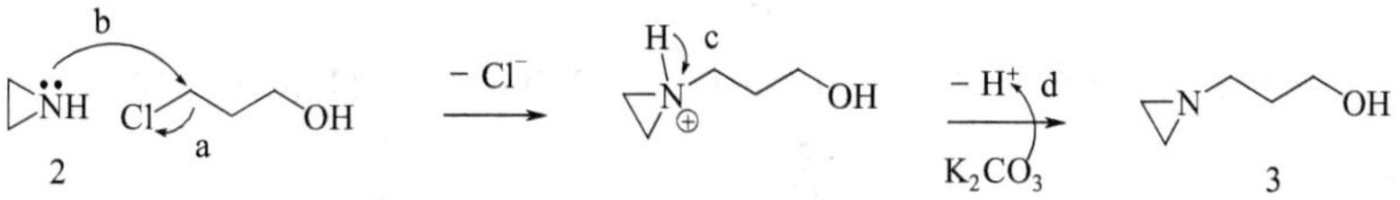

3→4：O、N 的磷酰化。因磷酰三氯上的 O 吸电子（a），物质 3 中 O 的孤对电子对磷氧双键进行加成（b），生成磷氧负离子（c），磷氧负离子由于电场排斥作用，脱去 Cl⁻（d），O 正离子因吸电子作用，脱去 H⁺（f），三乙胺作为除酸剂（e）。因 N 杂环丙烷上 N的孤对电子对磷氧双键加成（h），生成磷氧负离子（i），磷氧负离子由于电场排斥作用，脱去 Cl⁻（j），同时 N 杂环丙烷中 N 正离子吸电子能力增加和三元环张力较大，开环（k），Cl⁻ 进攻带正电荷的碳（l），即生成 4。

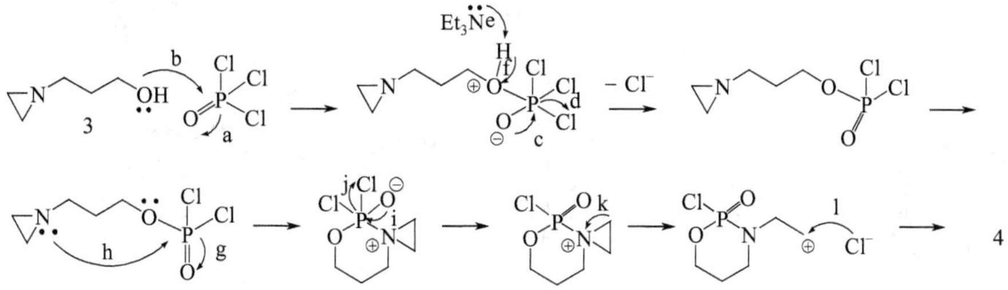

4→5：N 的磷酰化，三乙胺作为除酸剂，机理略。

N-甲酰溶肉瘤素

合成路线：

POCl₃,DMF

C₆H₅CONHCH₂COOH
(Ac)₂O

Zn/HCl
CH₃COOH

25%HCl

50%CH₃COOH

HCOOH,NaCl
(Ac)₂O

参考文献：《全国原料药工艺汇编》编委会．全国原料药工艺汇编［M］，国家医药管理总局，1980：350-352．

【机理分析】

1→2：环氧乙烷中 O 的孤对电子与醋酸中 H 形成氢键，提升了 O 的吸电子能力（a），使碳的正电性增加，有利于苯胺上的 N 的孤对电子进攻（b），生成氮正离子，吸电子能力增加，失去 H⁺（c），醋酸负离子再与 H 正离子结合（d）；上述反应重复一次，即得 2。

2→3：O 的氯化，机理略。苯环的甲醛化，为 Vilsmeier-Haack 反应。

DMF

POCl₃,DMF

－ HCl

H⁺转移

－ NH(CH₃)₂

－ H⁺　3

3→4：马尿酸中的亚甲基为活性亚甲基（受到两个吸电子基团影响 a），容易失去 H⁺（b），生成负离子，进攻醛基（d），生成氧负离子，与 H 正离子结合（e），然后脱水（f、g、h），羧酸中 O 的孤对电子进攻（j）羰基碳（i），经 H 正离子转移，然后脱水（k、l、m），即得。醋酐作为溶剂和脱水剂。

4→5：水解、还原、重排。需要特别说明的是：水解和加氢还原，可能同步进行，先后顺序并不是绝对的；另外两个氢自由基可以组成 H₂。

$$\ddot{Z}n + H^+ \longrightarrow \dot{H} + \dot{Z}n^{+} \qquad \dot{Z}n^{+} + H^+ \longrightarrow \dot{H} + Zn^{2+}$$

5→6：O 上孤对电子与盐酸作用（a），增加了 O 的吸电子诱导（b），产生碳正离子，水中 O 的孤对电子对碳正离子进行加成（c），通过 H⁺ 转移（d、e），氮正离子吸电子作用（f）产生碳正离子，O 上孤对电子向碳正离子转移（g）；N 上孤对电子继续与 H⁺ 作用（i），最后在碱中中和，即得 6。

6→7：氨基与甲酸成盐，生成甲酸负离子，后者与醋酐作用（a、b、c），产生甲乙酸酐和醋酸负离子，醋酸负离子与铵盐经 H⁺ 转移，生成胺和醋酸；N 上孤对电子从空间位阻较小部位进攻甲乙酸酐（f），生成醋酸负离子及酰胺正离子，再经 H⁺ 转移，即得。

卡莫司汀

合成路线：

参考文献：郑虎主编．药物化学［M］．6 版．北京：人民卫生出版社，2010：255-257．

【机理分析】

1→3：N 上孤对电子对羰基进行加成（b），生成氨基正离子和氧负离子，经 H⁺ 转移，由于电场排斥作用，脱去氨（高温蒸馏出去）。O 上孤对电子对羰基进行关环加成，生成氧正离子和氧负离子，经 H⁺ 转移，并脱去氨，即得 2。氨基乙醇对 2 的酯键进行胺解，经 H⁺ 转移，生成 3。

3→4：醇的氯化。O 上孤对电子对氯化亚砜加成（b），硫脱去 Cl⁻（c），氧正离子因吸电子能力增加脱去 H⁺（d）；O 上孤对电子发生 p-π 共轭（f），硫脱去 Cl⁻（g），O 的吸电子能力增加（h），进而碳的正电荷增加，有利于 Cl⁻ 进攻（i），重复上述反应，即得 4。

4→5 亚硝酸不稳定，临用前需要新配。亚硝酸钠在甲酸作用下，生成亚硝酸。4 中 N 上孤对电子进攻由硝基产生的氮正离子（k），生成物不稳定，脱水，氮烯醇重排并脱去 H⁺ 即得 5。

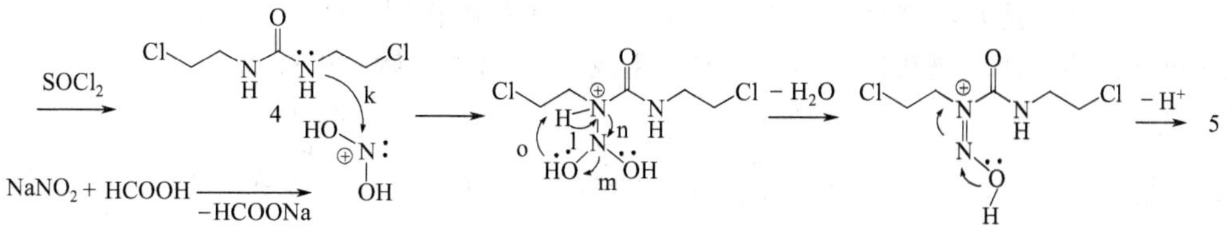

$\xrightarrow{\text{SOCl}_2}$

$$\text{NaNO}_2 + \text{HCOOH} \xrightarrow{-\text{HCOONa}}$$

福莫司汀

合成路线：

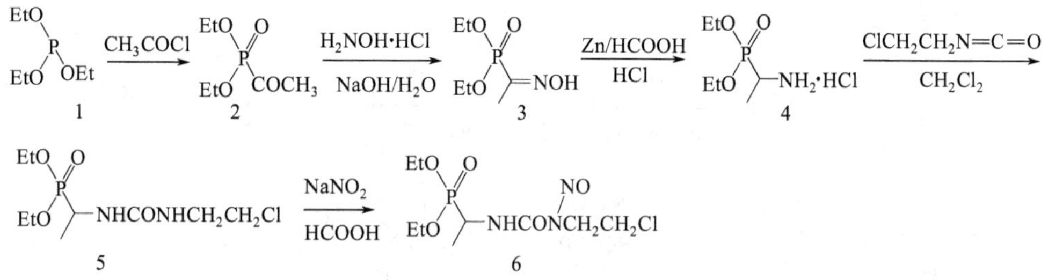

参考文献：陈仲强，陈虹主编．现代药物的制备与合成：第一卷［M］．北京：化学工业出版社，2011：142-143．

【机理分析】

1→2：亚磷酸三乙酯中磷上孤对电子对乙酰氯进行加成（b），生成磷正离子（a），由于电场排斥作用，脱去 Cl⁻（c）；由于磷正离子的诱导效应，O 的孤对电子向磷正离子转移（d），增强了 O 的诱导效应（e），提升了碳的正电性，有利于 Cl⁻ 进攻（f），脱去氯乙烷，生成 2。

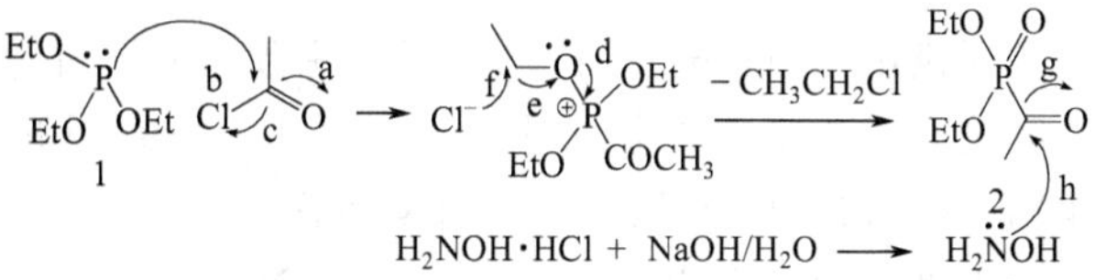

2→3：盐酸羟胺在 NaOH 中和下，产生羟胺，羟胺中 N 的孤对电子对羰基进行加成，经 H⁺ 正离子转移，然后脱水，生成 3。

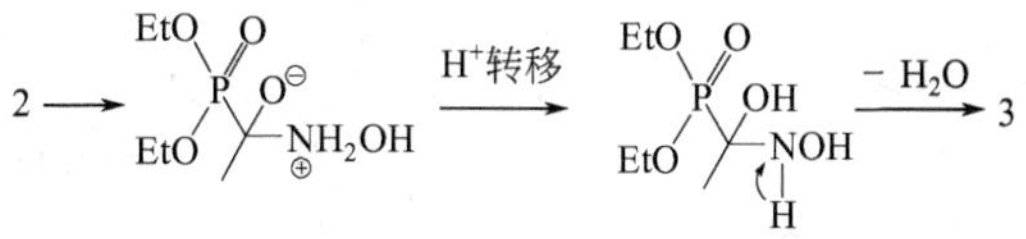

3→4：3 经 Zn、HCl 自由基还原得 4，并提供了羟基的还原。

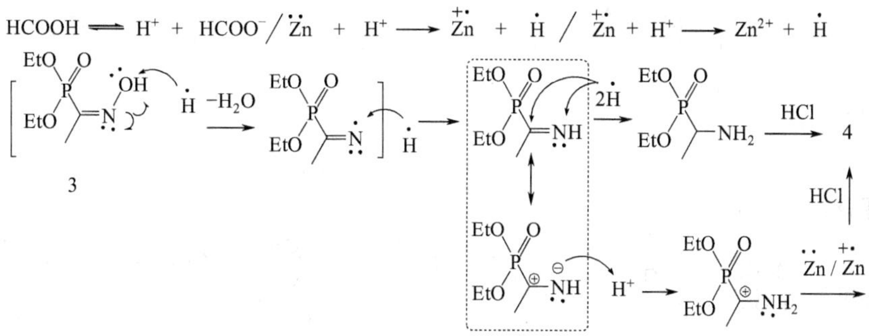

4→5：2-氯乙基异氰酸酯中 N 上孤对电子与 4 中盐酸作用（a），产生碳正离子，4 中 N 的孤对电子游离出来，进攻碳正离子（b），生成 N 正离子，然后失去 H+，即得 5。

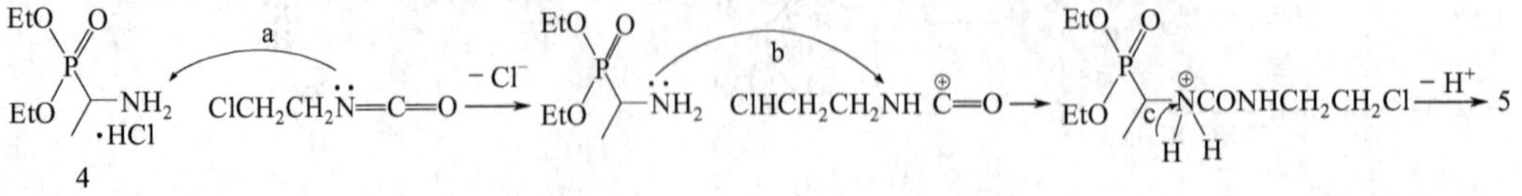

5→6：N 的亚硝基化，优先选择空间位阻较小的电子云丰富的 N 进行亚硝化，机理略。

盐酸尼莫司汀

● 合成路线（一）：

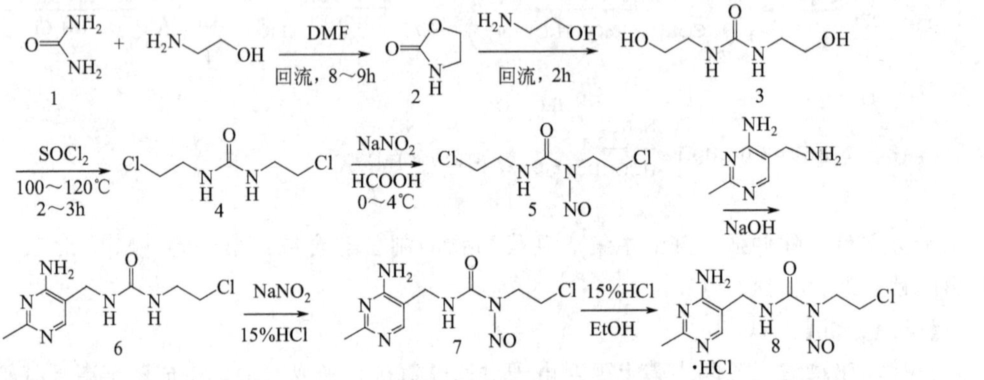

参考文献：陈仲强，陈虹主编．现代药物的制备与合成：第一卷［M］.北京：化学工业出版社，2011：143-145.

【机理分析】

1→5：机理参见卡莫司汀。

5→6：因伯胺向嘧啶环供电子（p-π）（a），电子云密度降低，不参与反应。苄位 N 电子云不共轭，电子云密度较高，与 5 中羰基加成（c），生成氧负离子和氮正离子，经 H+ 转移，因亚硝基吸电子作用（d、e），O 上孤对电子向碳转移（f），脱去氯乙基亚硝胺负离子。因氧正离子吸电子，失去 H+（g），即得 6。H 正离子与 NaOH 作用，或 H 正离子与氯乙基亚硝胺基负离子作用后，再与 NaOH 作用。

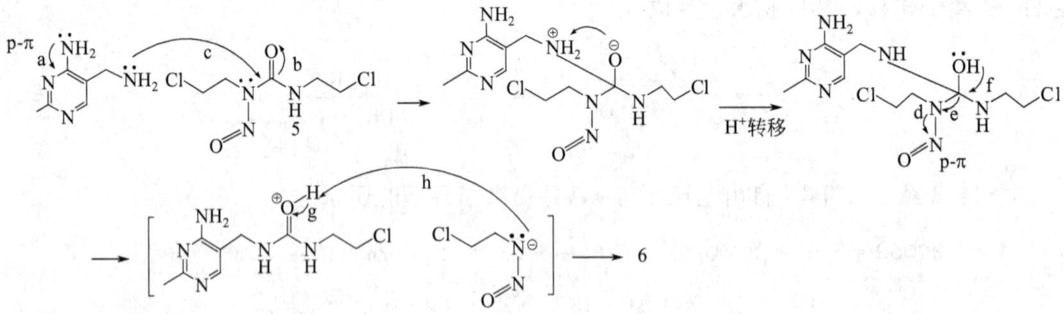

6→8：机理略。

● 合成路线（二）：

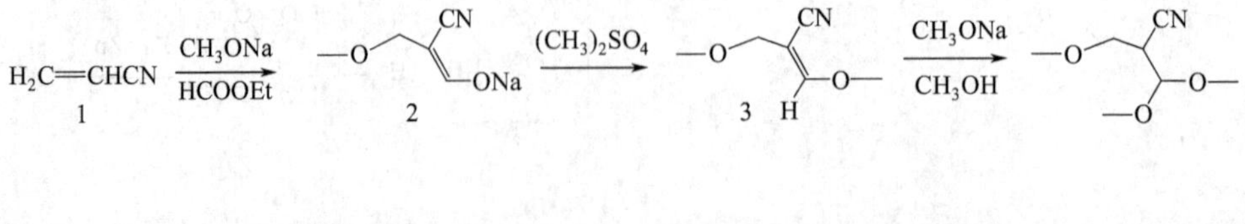

参考文献：陈芬儿．有机药物合成法［M］．北京：中国医药科技出版社，1999：864-868.

【机理分析】

1→2：因共轭效应，丙烯腈双键电荷不等，末端碳带正电荷，甲氧基负离子进攻末端碳（c），生成负碳离子，进攻甲酸乙酯中羰基（e），因场排斥效益，脱去乙醇，即得2。

2→4：在硫酸二甲酯中，因 O 中孤对电子向硫氧双键转移（b），导致 O 的吸电子增加（c），2 中 O 负离子进攻硫酸二甲酯中的甲基碳，生成3。极性不饱和双键（e、f）与甲氧基负离子加成（g），再从甲醇中夺取一个 H$^+$（i）。甲醇钠中和盐酸乙脒（j），在乙脒中，因 p-π 共轭效应（m、l）增加了 N 的电子云密度，有利于其对氰基进行加成，生成氮正离子和氮负离子，经 H$^+$ 转移（p、o），因场效应，脱去甲醇（q、r、s），N 上孤对电子对极性不饱和双键（t、u）进行加成（v），再经 H$^+$ 转移，重复脱去甲醇（w、y、z）；后经重排（a′、b′、c′、d′、e′），乙脒中 N 的孤对电子进攻嘧啶苄位（i′），并脱去甲氧基负离子（f′），并夺取氮正离子的 H$^+$（j′）。加入盐酸，提供 H$^+$ 与脒中 N 的孤对电子结合（k′），经水解（m′）、脱氨（n′），即得4。

4→5：酰胺水解，机理略。

6→11：机理较为简单，略。

白消安

合成路线：

参考文献：《全国原料药工艺汇编》编委会．全国原料药工艺汇编［M］．国家医药管理总局，1980：370-371.

【机理分析】

1→2：在硫脲中，因两个 N 上孤对电子发生 p-π 共轭（d、e），导致 N 上电子云密度降低，S 上电子云增加，有利于其进攻硫酸二甲酯中带正电荷的碳（a、b、c），然后脱去 H^+（g），即得 2（甲基异硫脲）。

2→3：异硫脲的氯氧化。氯气用量至少为异硫脲物质的量的 3 倍。需要特别指出的是异硫脲经氯第一次氧化后，第二次氧化、第三次氧化和水解可能同时进行，先后顺序并不明显。

3→4：机理略。

二溴甘露醇

合成路线：

$$H_3PO_4 + NaBr \longrightarrow HBr(g)$$

参考文献：《全国原料药工艺汇编》编委会．全国原料药工艺汇编 ［M］．国家医药管理总局，1980：371-372.

【机理分析】

奥沙利铂

合成路线：

参考文献：王庆琨，普绍平，彭娟，等．抗肿瘤药米铂的一种新合成方法及结构表征 ［J］．中国药物化学杂志，2011，2（4）：4-5.

【机理分析】

络合，机理略。

第二节
抗代谢药物

氟尿嘧啶

合成路线：

参考文献：

[1]　郑虎主编．药物化学［M］．6 版．北京：人民卫生出版社，2010：237

[2]　《全国原料药工艺汇编》编委会．全国原料药工艺汇编［M］．国家医药管理总局，1980：377-378.

【机理分析】

1→2：置换。

2→3：活性亚甲基甲酰化。

3→4：重排。

4→6：N 杂烯醇重排。

去氧氟尿苷

合成路线：

参考文献：陈仲强，陈虹主编. 现代药物的制备与合成：第一卷 ［M］. 北京：化学工业出版社，2011：156-157.

【机理分析】

1→2：因 N 的电负性远大于 Si，故 Si 带部分正电（a），5-F-尿嘧啶中 O 的孤对电子进攻 Si（b），生成 O 正离子，因吸电子增强，失去 H 正离子（c），N 负离子进攻 H 正离子（d），即完成一个 O 的硅烷化；上述反应重复一次，即得 2。

2→3：因 AlCl₃ 和 O 上孤对电子络合（a），导致 O 的吸电子能力增加，增强了碳的正电性（b），同时，2 中 O 孤对电子发生 p-π 共轭（c）导致 N 的电子云密度增加（d），位阻较小的 N 进攻带正电性较高的碳（e）；加入 NHCO₃ 为弱碱，提供 OH⁻，对硅氧烷进行水解，即得 3。

3→4：NaOH 对酯键水解，机理略。

4→5：缩酮化反应，硫酸铜起到吸水剂的作用，机理略。

5→6：亚磷酸三苯酯碘甲烷为夺 O 剂，DMF 为溶剂和除酸剂。

6→7：还原反应，机理略。

7→8：水解反应，机理略。

卡培他滨

合成路线：

参考文献：陈仲强，陈虹主编．现代药物的制备与合成：第一卷［M］．北京：化学工业出版社，2011：159-161.

【机理分析】

1→2：核糖与盐酸、甲醇反应，1 位 OH 较为活泼，被甲基化；经苯甲酰氯酯化，再与醋酐反应，即得 2。吡啶作为除酸剂。

2→3：参见去氧氟尿苷 2→3 的机理。不同之处在于去氧氟尿苷用三氯化铝，而本反应用四氯化锡。其原因可能是三氯化铝酸性较强，而 5-氟胞嘧啶的三甲基硅烷碱性较强，优先与三氯化铝络合，会钝化 N 的电子云密度，对反应不利。

3→4：苯甲酰酯的甲醇解，生成 4 和苯甲酸甲酯，机理略。

4→5：缩酮反应。

5→6：参见去氧氟尿苷 5→6 的机理。

6→7：还原，机理略。

7→8：缩酮水解，机理略。

8→9：N 的酰化，机理略。

盐酸吉西他滨

合成路线：

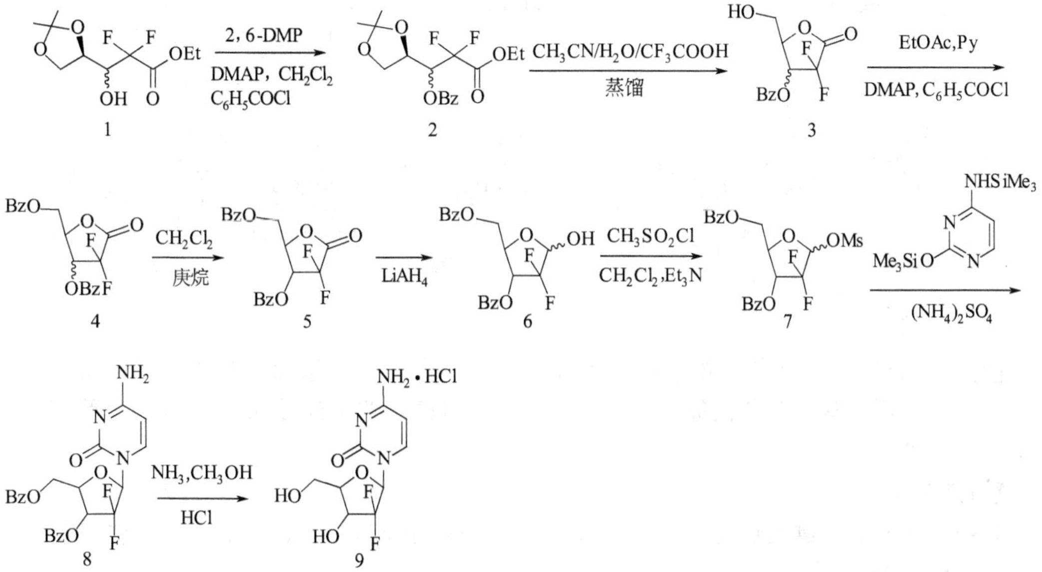

参考文献：陈仲强，陈虹主编．现代药物的制备与合成：第一卷［M］．北京：化学工业出版社，2011：165-167．

【机理分析】

1→2：醇羟基的酰化，机理略。

2→3：缩酮在酸性条件下，先水解，然后不断蒸馏，进行关环反应，并脱去乙醇，即得。

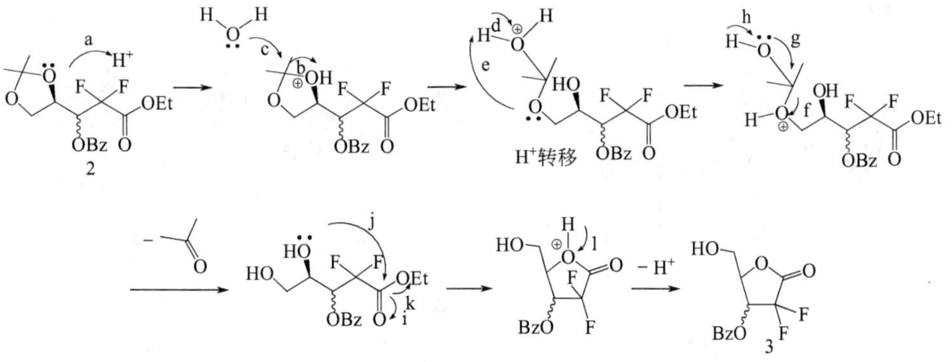

3→4：醇的酯化，机理略。

4→5：在庚烷中溶解度不同，通过溶解度分离。

5→6：LiAlH$_4$ 对羰基的还原，机理略。

6→7：醇的磺酰化，机理略。

7→8：参见去氧氟尿苷 2→3 的机理。

8→9：水解，成盐。

盐酸阿糖胞苷

合成路线：

参考文献：

［1］ 郑虎主编 . 药物化学 ［M］. 6 版 . 北京：人民卫生出版社，2010：238-239.

［2］ 《全国原料药工艺汇编》编委会 . 全国原料药工艺汇编 ［M］. 国家医药管理总局，1980：382-383.

【机理分析】

1→4：羟基对醛基加成关环（a、b），羟基对氰胺进行加成（c、d、e），然后氨基取代羟基，并脱去 H⁺ （i）。

4→6：氨基对氰基进行加成（a、b），N 上孤对电子对极性不饱和双键（i、j），并脱去 HCl，即得 6。

6→7：氨水提供 OH⁻，加成（b），开环（c），H⁺转移（d），加盐酸中和，成盐得 7。

巯嘌呤

合成路线：

参考文献：

［1］郑虎主编. 药物化学［M］.6 版. 北京：人民卫生出版社，2010：239-241.

［2］《全国原料药工艺汇编》编委会. 全国原料药工艺汇编［M］.国家医药管理总局，1980：387-388.

【机理分析】

1→2：在硫脲中，因 p-π 共轭（a、b、c），N 的电子云密度不高，乙醇钠为强碱，夺取硫脲中的 N 上的 H，生成硫脲负离子，提升了 N 的负电荷，有利于其进攻 α-氰基乙酸乙酯中的氰基，生成氮负离子，经 H⁺转移，进行关环反应（g），并脱去乙醇负离子（h、i），经重排共振即得 2。

2→3：芳烃的亚硝化反应。

3→4：多机理还原，几种机理相互竞争。下面给出了一种，仅作参考。

4→5：去巯基的还原，氢解，机理略。

5→6：氨基与甲酸加成（a、b），并脱水生成甲酰胺，N 上孤对带对醛基进行加成（g），并脱水，即得 6。

6→7：羟基的硫化，机理略。

7→8：巯基的氧化。

8→9 和 10：磺化，再从水中夺取一个质子，即得 9。

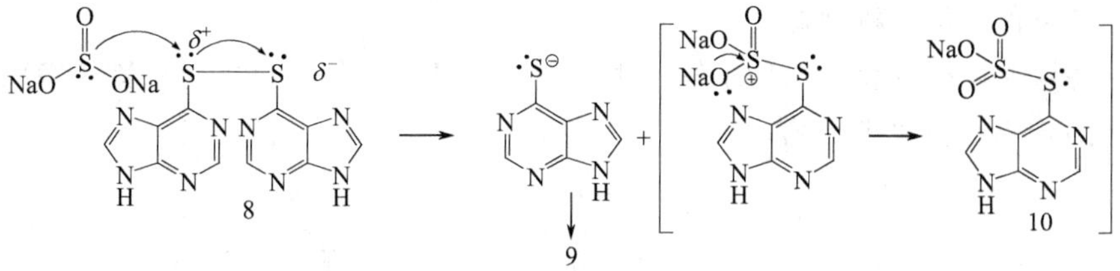

氟达拉滨磷酸酯

合成路线：

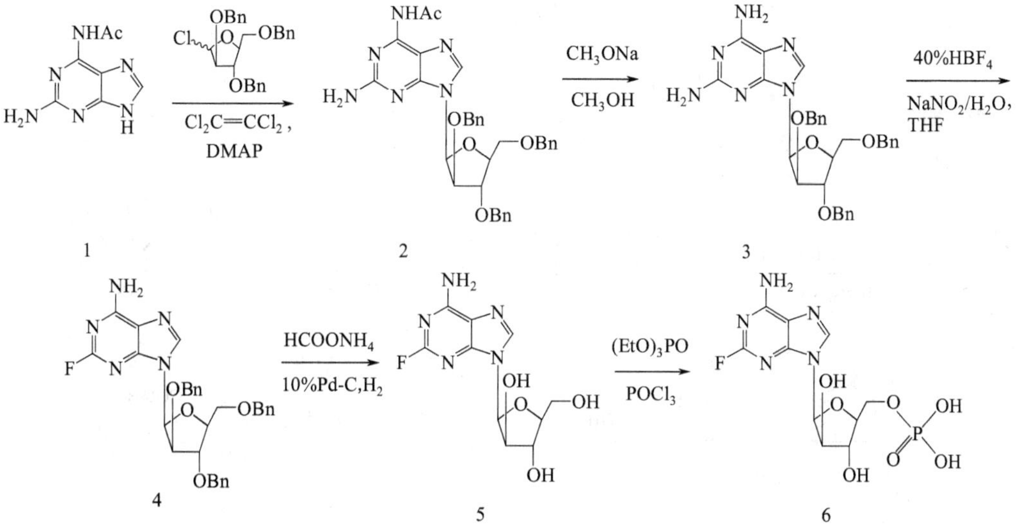

参考文献：陈仲强，陈虹主编. 现代药物的制备与合成：第一卷［M］. 北京：化学工业出版社，2011：147-149.

【机理分析】

1→2：N 的烃化反应，DMAP 作为溶剂及碱，用于夺取 N 上的 H^+，生成氮负离子，提升了 N 的电子云密度，有利于进攻。

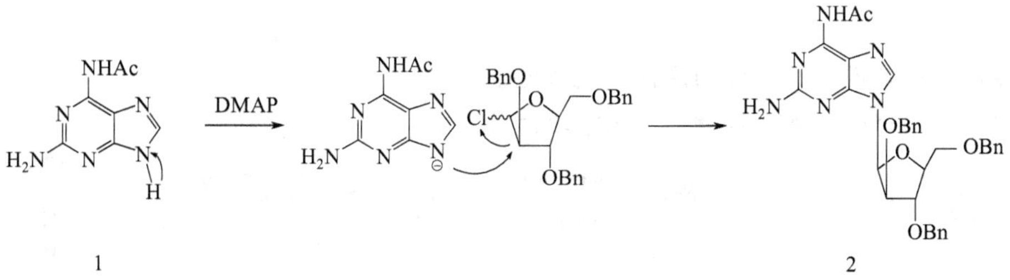

2→3：脱去乙酰基，机理略。

3→4：N（b）碱性强，和酸成盐，重氮化难度高些；N（a）碱性弱，难以和弱酸成盐，重氮化速度快些。实际操作中，可将 2 氟化，然后甲醇解，可能收率更高。

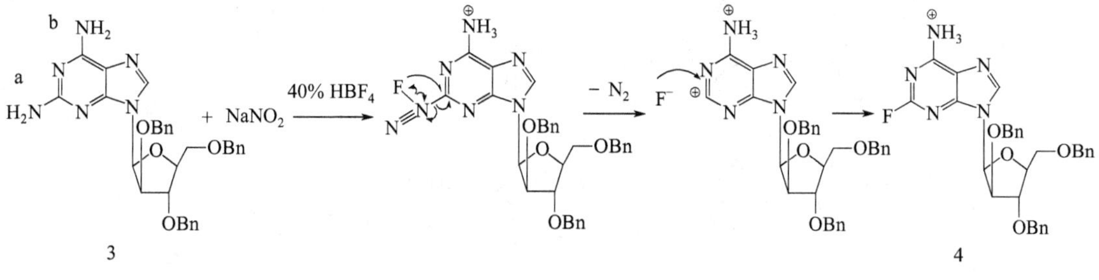

4→5：苄基的氢解，机理略。

5→6：醇羟基的磷酰化，然后水解。由于其他羟基、伯氨基也可与三氯氧磷反应，故该反应收率不高，尚有待改进工艺。

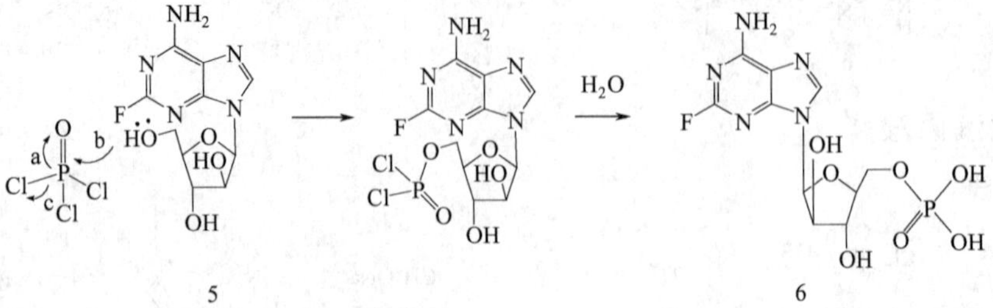

雷替曲塞

合成路线：

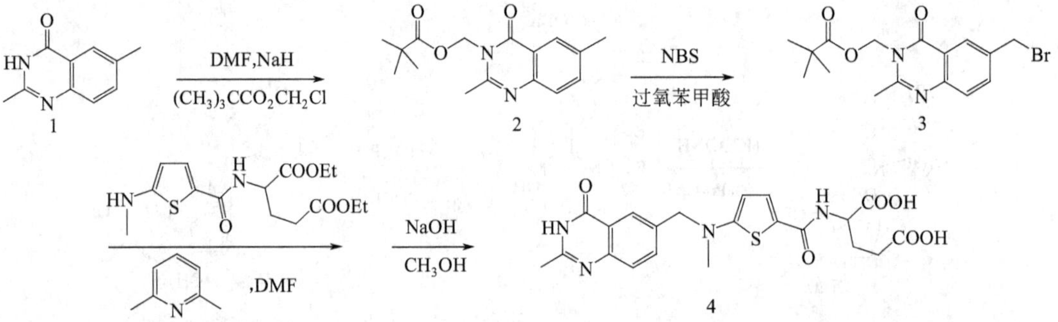

参考文献：陈仲强，陈虹主编. 现代药物的制备与合成：第一卷 [M]. 北京：化学工业出版社，2011：150-152.

【机理分析】

1→2：N 的烃化，NaH 是强碱，用于夺取内酰胺上的 H。通过烃化，第一是用于保护，防止其参与以后的化学反应；第二是烃化基团的空间位阻较大，可以阻止嘧啶酮环上甲基被溴代（2→3）。

2→3：自由基反应，苄位的溴代，机理略。

3→4：N 的烃化，酯的水解，N-甲醇的水解。

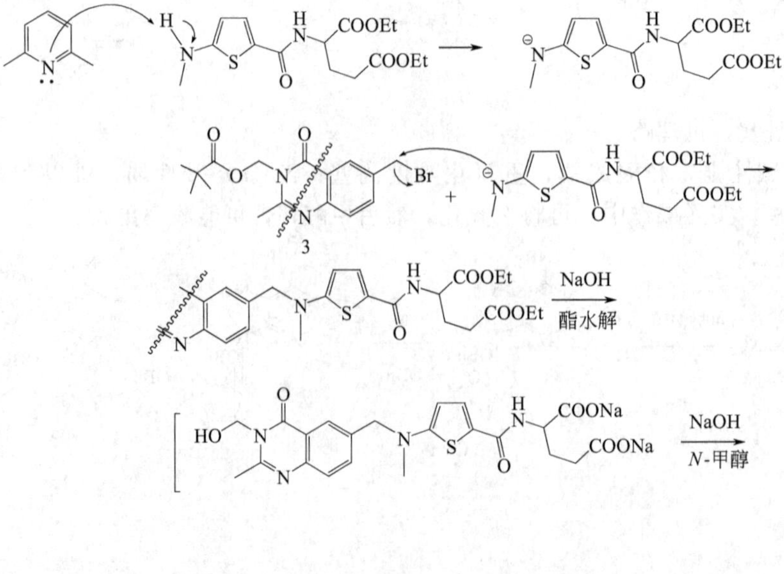

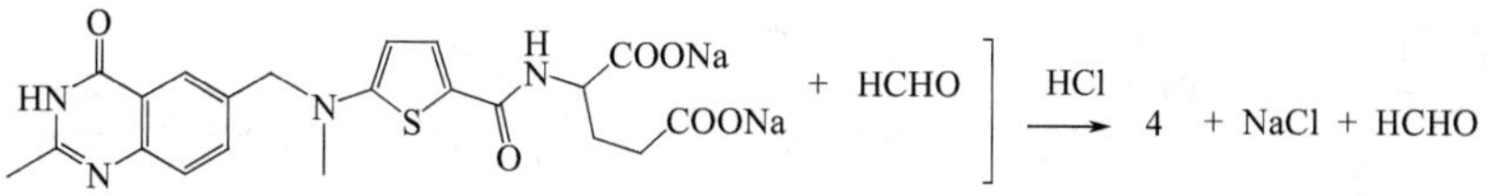

培美曲塞

合成路线：

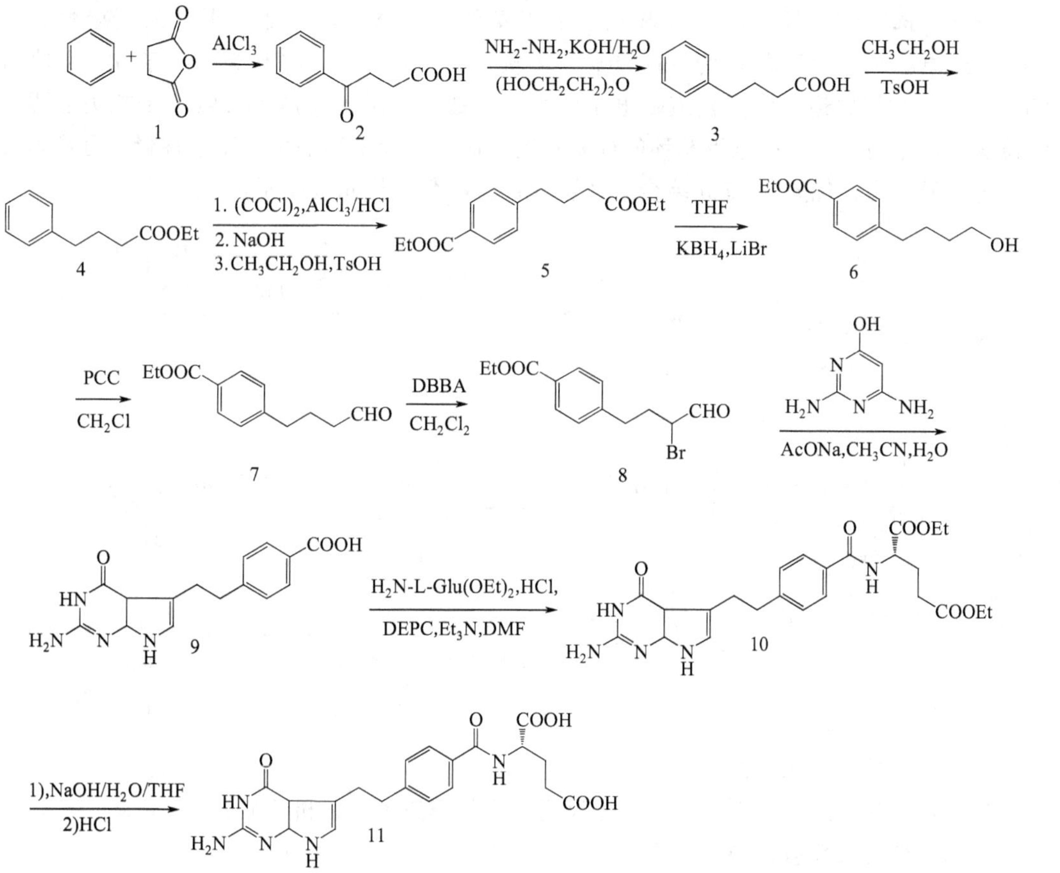

参考文献：陈仲强，陈虹主编．现代药物的制备与合成：第一卷［M］．北京：化学工业出版社，2011：152-155．

【机理分析】

1→2：傅克酰化反应，机理略。

2→3：乌尔夫-黄鸣龙还原反应。

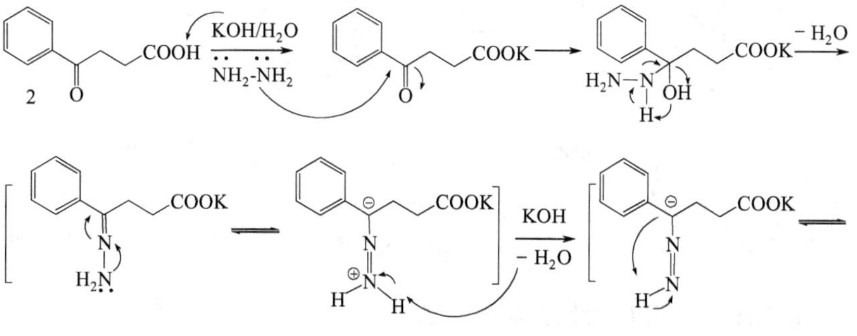

3→4：酯化反应，机理略。

4→5：傅克酰化反应、酰氯水解、酯化反应，机理略。

5→6：选择性还原，LiBr 先和电子云丰富的酯基络合，增加了羰基的正电性，然后 KBH_4 还原羰基。由于苯环为 sp^2 杂化（s 轨道占 33.3%），烷基为 sp^3 杂化（s 轨道占 25%），s 为内层轨道，内层轨道吸电子能力强，故 s 轨道比率越大，吸电子能力越强，对邻位羰基作用力越大。故靠近苯环的羰基正电性高，远离苯环的羰基正电性低。远离苯环的羰基电子云丰富，优先和 LiBr 络合，使羰基代正电荷，优先被还原。

6→7：克莱森氧化，机理略。

7→8：溴代，DBBA 为 5,5-二溴巴比妥，提供溴正离子，机理略。

8→9：席夫碱反应，碳的烃化。

9→10：N 的酰化，DEPC 为氰基磷酸二乙酯。

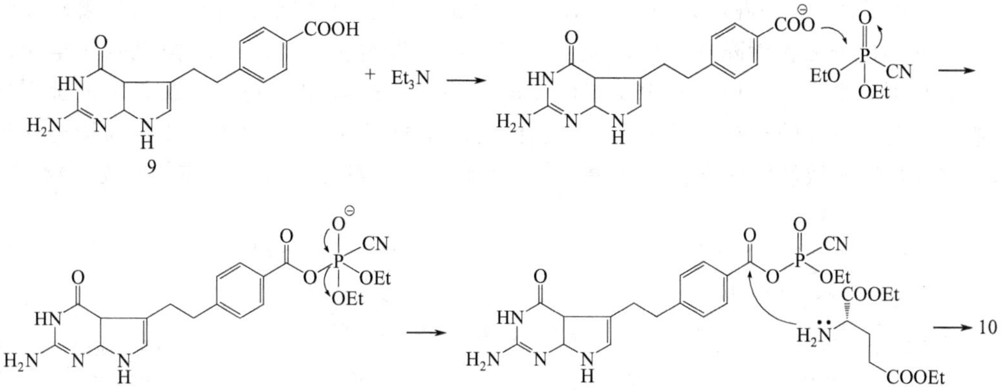

10→11：酯健的水解，机理略。

亚叶酸钙

合成路线：

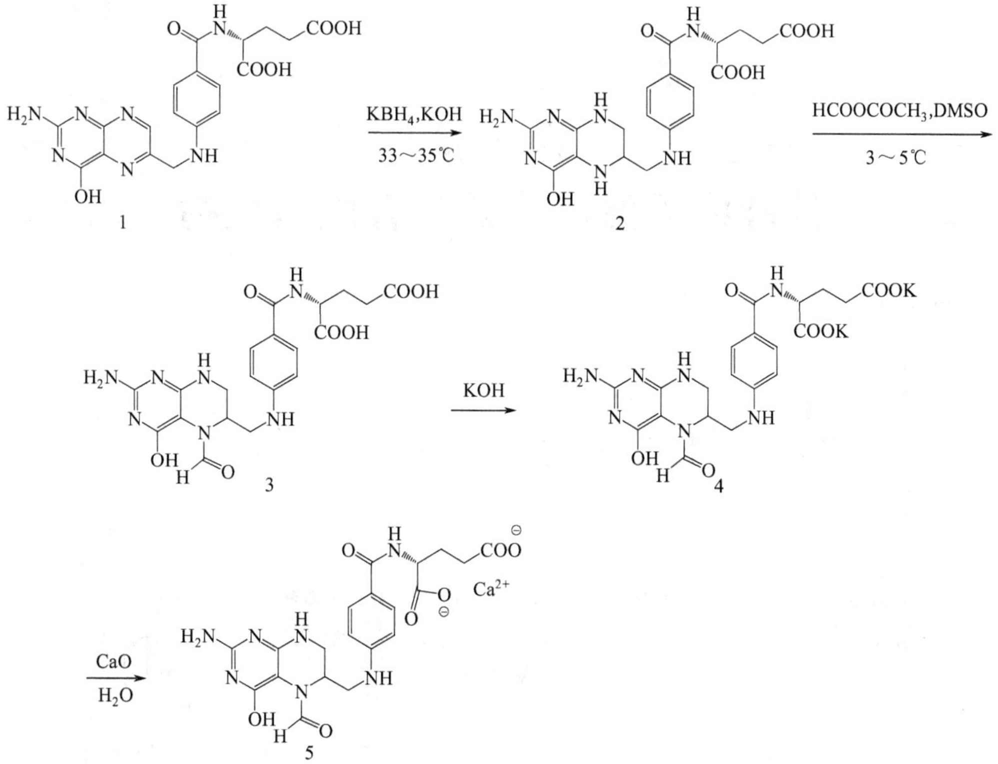

参考文献：《全国原料药工艺汇编》编委会．全国原料药工艺汇编［M］．国家医药管理总局，1980：402-404．

【机理分析】

1→2：还原，机理略。

2→3：甲乙酸酐甲酰化，在甲乙酸酐中，甲酰基正电性强于乙酰基，原因在于乙酰基中含有甲基，甲基为供电子基。甲乙酸酐的制备方法为甲酸钠和乙酰氯在乙醚中反应，即得。在分子 2 的五个 N 原子中，8-N、2-N、5-N、10-N 的孤对电子发生共轭转移，电子云密度降低。

4-OH 上孤对电子向嘧啶环共轭，对 5-N 的孤对电子向嘧啶环共轭起到显著的排斥作用，故 5-N 的电子云密度降低很少，电子云丰富，优先酰化。由于甲基向酰基供电子能力大于 H，故混合酸酐中，甲酰基中羰基碳正电性强于乙酰基中羰基碳。故 5-N 的孤对电子优先进攻正电性更强的羰基（甲酰化和乙酰化间存在相互竞争）。另外，甲酰位阻也小于乙酰基。这两种因素致使甲酰化在竞争中处于有利地位，甲酰化产物为反应的主要产物。

3→4：成盐，机理略。

4→5：成盐的置换，机理略。

第三节
抗肿瘤天然药物及半合成衍生物

盐酸氨柔比星

合成路线：

参考文献：陈仲强，陈虹主编．现代药物的制备与合成：第一卷［M］．北京：化学工业出版社，2011：180-184．

【机理分析】

1→2：Diels-Alder 反应，机理略。

2→3：Na 和乙醇产生 H·，H·对 2 进行还原反应，生成酚盐，然后进行甲基化反应。机理略。

3→4：烯醚水解，生成烯醇，然后重排成酮，机理略。

4→5：氰基对羰基进行加成，生成氧负离子，后者与 H^+ 结合 $[(NH_4)_2CO_3$ 提供 $H^+]$，然后氨基取代羟基，氰基再水解，即得 5。

5→6：酸的酯化反应，机理略。

6→7：

7→8：N 的酰化，机理略。

8→9：博克酰化反应，机理略。

9→10：缩酮化反应，机理略。

10→11：自由基反应。

11→12：缩酮水解（机理略），1,3-噁嗪环水解。

12→13：在 12 中，酚羟基存在 p-π 共轭，电子云密度下降；氨基空间位阻较大；只有醇羟基空间位阻小，而且未发生 p-π 共轭，且分子内氢键使得孤对电子裸露在外边，容易进行反应。

13→14：酯键水解，机理略。

盐酸伊立替康

合成路线：

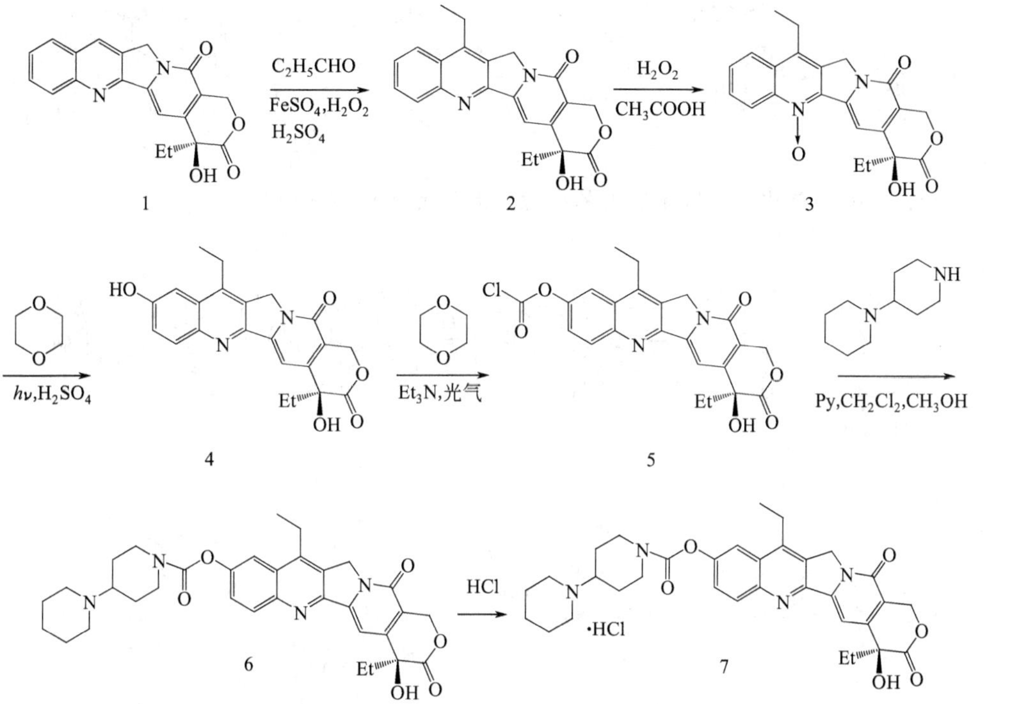

1

参考文献：陈仲强，陈虹主编．现代药物的制备与合成：第一卷 ［M］．北京：化学工业出版社，2011：175-177．

【机理分析】

1→2：烯醇对极性不饱和键的加成、氧化、脱羧、重排。

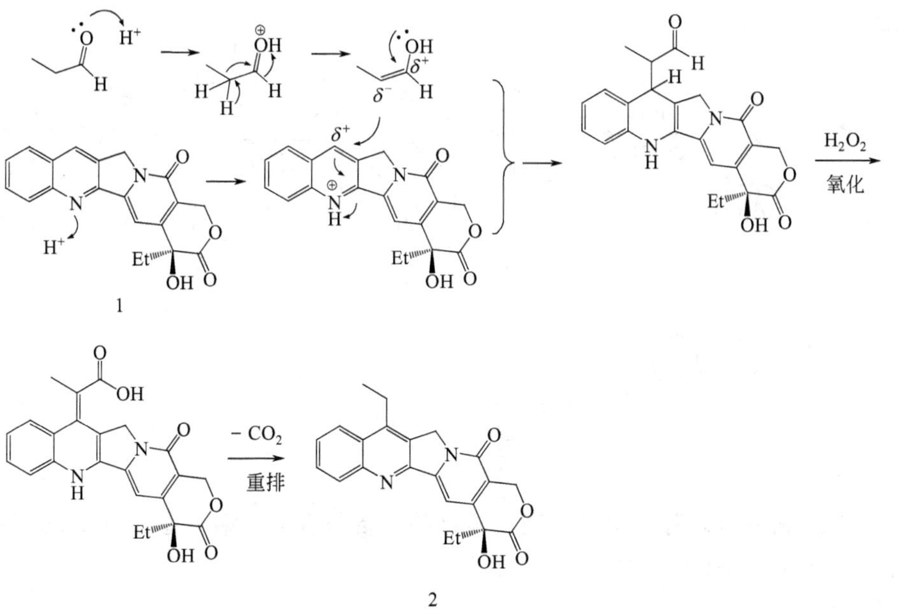

2→3：N 的羟基化。

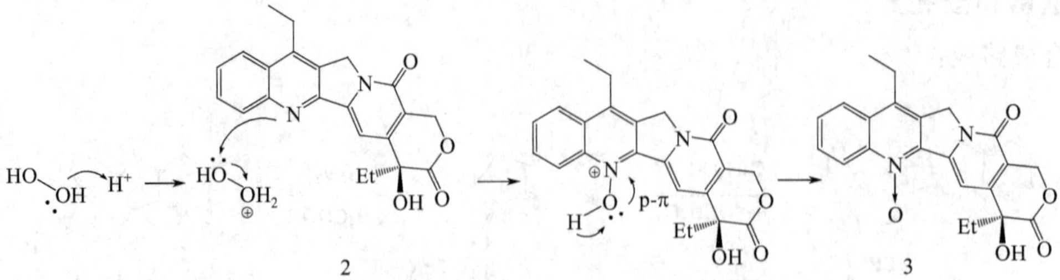

2　　　　3

3→4：C 的羟基化，·OH 自由基反应。通过光照产生·OH。

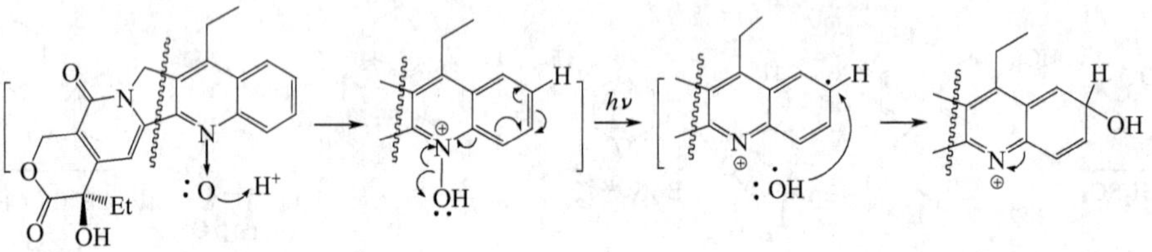

3

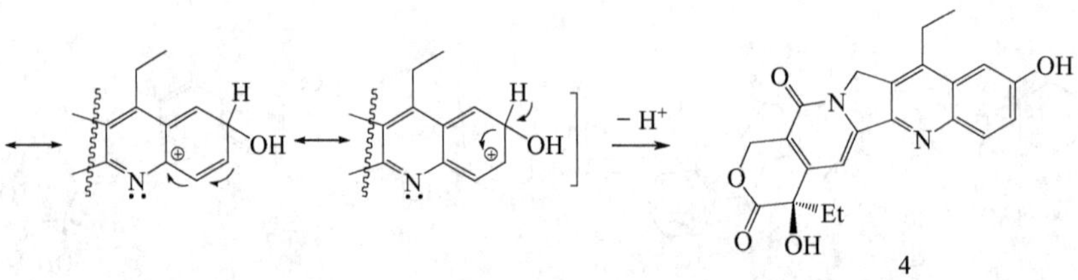

4

4→5，O 的酰化，机理略。

5→6，N 的酰化，机理略。

6→7，成盐，机理略。

盐酸拓扑替康

合成路线（一）：

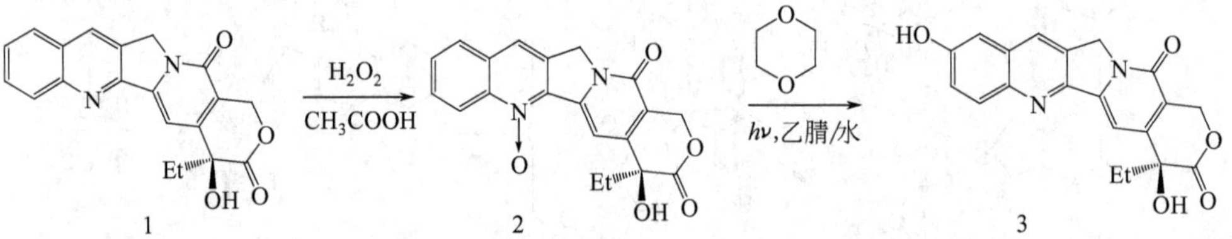

1　　　　2　　　　3

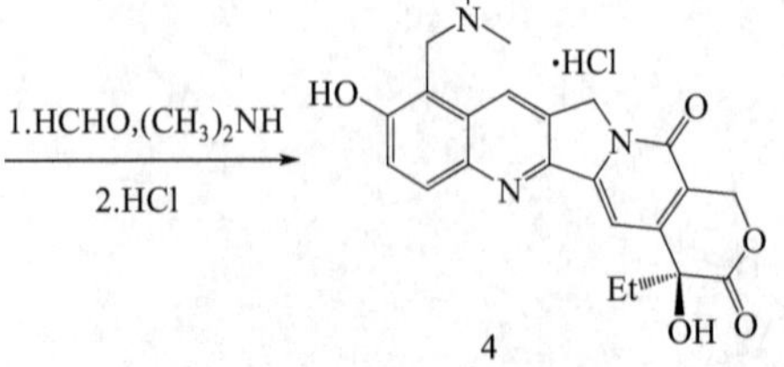

4

参考文献：陈仲强，陈虹主编．现代药物的制备与合成：第一卷［M］．北京：化学工业出版社，2011：178-179.

【机理分析】

1→3：参见盐酸伊立替康 2→4。

3→4：α-氨甲基化反应。

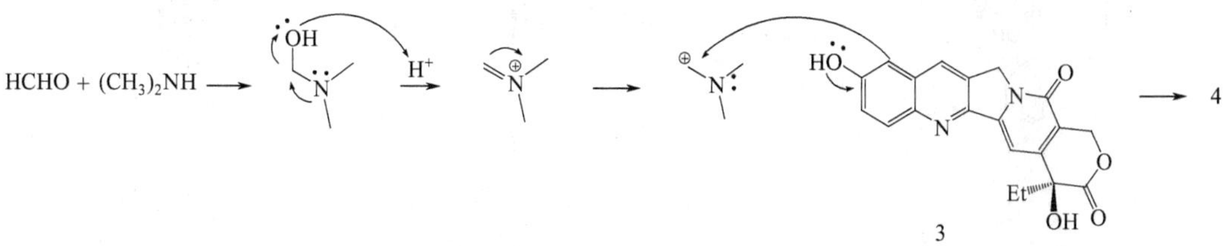

合成路线（二）：

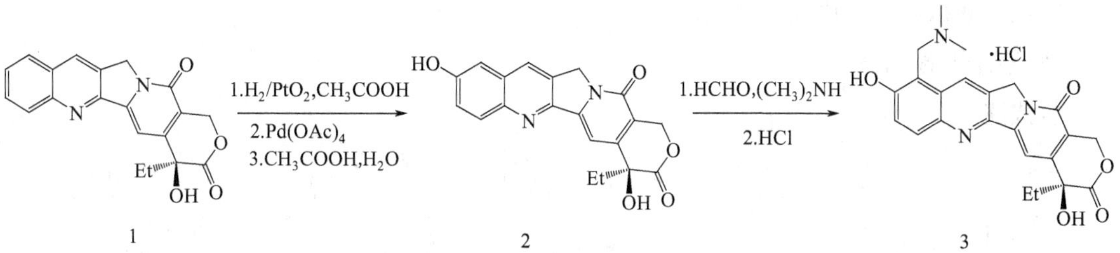

参考文献：陈荣业，王勇主编.21世纪新药合成［M］.北京：中国医药科技出版社，2010：427-430.

【机理分析】

1→2：经过还原、氧化、重排而成。

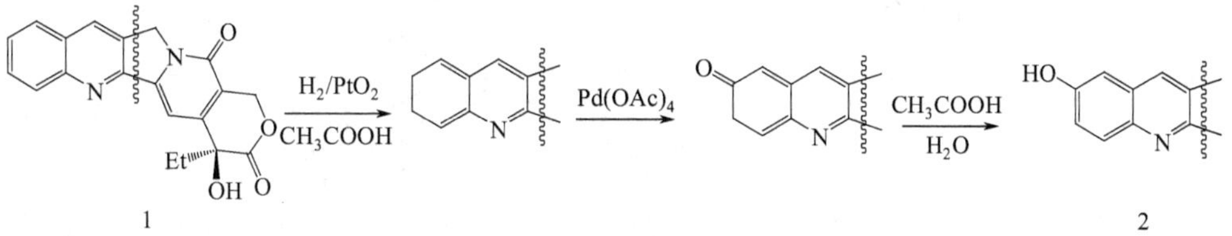

2→3：α-氨甲基化反应，机理略。

依托泊苷磷酸二钠

合成路线：

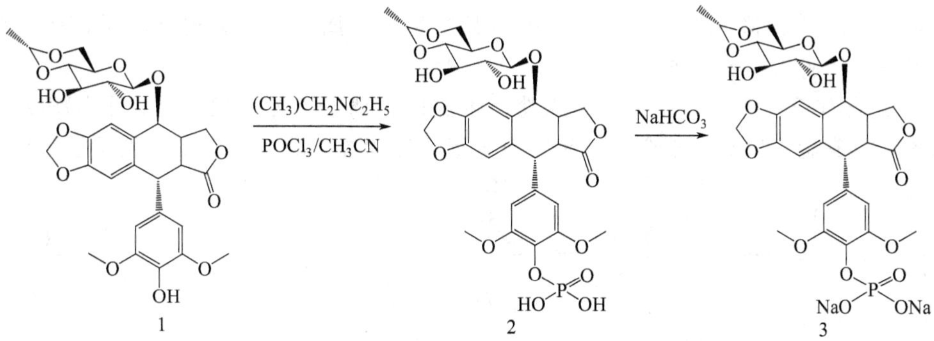

参考文献：陈仲强，陈虹主编.现代药物的制备与合成：第一卷［M］.北京：化学工业出版社，2011：177-178.

【机理分析】

1→2：O的磷酰氯化，有机胺作为除酸剂，然后水解即得。

2→3：酸碱中和，成盐，机理略。

酒石酸长春瑞滨

合成路线：

R=

参考文献：陈仲强，陈虹主编．现代药物的制备与合成：第一卷［M］．北京：化学工业出版社，2011：174-175.

【机理分析】

1→2：氯化亚砜（$SOCl_2$）先和 N,N-二甲基甲酰胺（DMF）反应生成，生成活性中间体氯亚胺，硫酸长春碱（1）中 O 的孤对电子进攻氯亚胺，生成氧正离子；脱去质子后，O 上的孤对电子向 C 转移，并脱去 Cl^-，进而又产生氧正离子；从碳得到电子，产生碳正离子；碳正离子经脱去质子，即得 2。

因 N 上含有孤对电子，和氢硫酸成盐，生成氮正离子，氮正离子可以和 HSO_4^- 成盐，也可以和 Cl^- 成盐，故 Cl^- 不会进攻碳正离子形成氯代烃，故该反应发生脱质子重排。

2→3： 正负电荷反应。吲哚分子中 N 的孤对电子 p-π 共轭效应，导致 3 位碳带有负电荷。在 N-氯化苯并三唑中，由于 N 的孤对电子发生 p-π 共轭效应，吸电子能力增加，吸引 N—Cl 键电子，导致 Cl 带有正电荷，不稳定，受到吲哚中 C═C 负电荷 C 的进攻，并产生碳正离子，后者经脱质子，重排即得。

3→4：

4→5： 成盐，机理略。

紫杉醇

合成路线：

参考文献：

[1] 郑虎主编．药物化学［M］．6 版．北京：人民卫生出版社，2010：255.

[2] 陈仲强，陈虹主编．现代药物的制备与合成：第一卷［M］．北京：化学工业出版

社，2011：169-171.

【机理分析】

一般以红豆杉针叶中巴卡亭（baccatin III）和去乙酰巴卡亭（10-deacetyl baccatin III）为原料。本文中合成路线以巴卡亭为原料，可以一步直接生成 2。但去乙酰巴卡亭不能生成直接生成 2，需要经过乙酰化作用才能直接生成 2。因此，巴卡亭和去乙酰巴卡亭的混合物若不经分离，须经过乙酰化步骤，转化为同一种物质，方可进行下一步反应。

1→2：由于 7-OH 空间位阻最小，因 8-CH₃ 的作用不能和 9-C=O 形成氢键，优先硅醚化。13-OH 受到 2-α-苯酰基、4-α-乙酰基、15-α-甲基空间位阻作用大。1-OH 受到 15-β-甲基、8-β-甲基、7-β-硅醚 12-甲基等的影响，位阻也较大。再者，2-酰化物降低了 1-β-OH 中 O 的电子云密度，进一步增大了硅醚化的难度。吡啶作除酸剂用。

2→3：DCC 活化羧基，通过 p-π 效应（d、e、f）增强羧基碳的正电荷。13-OH 虽受到 2-α-苯酰基、4-α-乙酰基、15-α-甲基空间位阻作用，但距离较远，较 7-OH 受到的影响小一些，前者更容易反应。

3→4：水解，机理略。

多西紫杉醇

合成路线：

PPTS为吡啶对甲苯磺酸;

Boc = ;

Troc = ;

PTSA为对甲苯磺酸。

参考文献：陈仲强，陈虹主编．现代药物的制备与合成：第一卷［M］．北京：化学工业出版社，2011：171-174．

【机理分析】

1→2 的过程中，四氧化锇（OsO$_4$）可以使双键完全羟基化，得到顺式二羟基，在位阻较小的一面形成 1,2-二醇，收率较高。缺点是四氧化锇价格昂贵且有剧毒。实验过程中，常使四氧化锇先于烯烃生成锇酸酯，进而水解生成锇酸，再被共用氧化剂氧化生成四氧化锇而参与反应，和单独使用四氧化锇效果一样，生成顺式 1,2-二醇。由于锇酸酯不稳定，需要叔胺（如吡啶）组成络合物，以稳定锇酸酯，并加速反应。

配体采用［QN(OH)$_2$］$_2$PHAL。采用 N-甲基-N-氧吗啉为氧化剂，用于将锇酸氧化成四氧化锇。

［QN(OH)$_2$］$_2$PHAL

N-甲基-N-氧吗啉

R=［QN(OH)$_2$］$_2$PHAL

131

1→2：四氧化锇氧化烯烃生成顺式邻二醇，四氧化锇（锇为8价）共振为正负离子型，氧负离子进攻双键中正电荷，此时锇为正离子，从O上得到一对电子，锇转变正负离子，变成锇自身电子配对，从而使锇变为正6价。锇上氧正离子与烯烃负离子反应，生成环状的锇酸酯。环状的锇酸酯与配体（R＝配体）作用，生成络合物，最终从碳骨架上脱去。碳骨架上生成顺式二羟基。

2→3：吡啶对甲苯磺酸（PPTS）为强酸弱碱盐，提供H^+，乙酰溴作为脱水剂。

3→4：一方面苄基正碳离子更稳定，另一方羰基及氧乙烷上O的孤独电子对叠氮负离子有排斥作用，故优先进攻苄位，生成氧负离子，再从水中夺取质子，即得4。

4→5：叠氮先被还原成伯氨基，具有较强的碱性，生成的伯氨基立即与（Boc)$_2$O（三甲基乙酸酐）发生反应，进而保护伯氨基，从而防止伯氨基对酯键的胺解反应。

5→6：在 PPTS 的催化下，醇羟基对醛进行加成反应，生成半缩醛，经 H$^+$ 转移，脱水（e），N 的孤对电子进攻（f），再脱去 H$^+$，即得。用于保护醇羟基。

6→7：参见紫杉醇中的 2→3。DCC 活化羧基，通过 p-π 共轭效应提升羧基碳的正电荷。

7→8：甲醇解。

8→9：水解，机理略。

第四节
基于肿瘤生物学机制的药物

吉非替尼

合成路线：

参考文献：陈仲强，陈虹主编．现代药物的制备与合成：第一卷［M］．北京：化学工业出版社，2011：196-198.

【机理分析】

1→2：盐酸甲脒中的碳带有很强的正电性（a），与氨基加成（b），然后氨基与羧基加成（c），并脱水，然后高温脱氯化铵，即得。

2→3：甲磺酸提供 H^+，然后与甲氧基结合，蛋氨酸提供电子与甲基结合，即得 3。两个甲氧基脱甲基选择性问题：苯甲酰对苯环间位电子云密度降低较小，故 6-OCH₃ 电子云密度较高，7-OCH₃ 上孤对电子向苯环转移，进一步丰富了 6-OCH₃ 电子云密度，后者优先和质子结合，生成氧正离子，诱导效应增加，甲基正电性增强，有利于蛋氨酸中硫的孤对电子进攻。

3→4：酰化，机理略。

4→5：氯化，机理略

5→6：N 通过氯亚胺的烃化。

6→7：酯的水解，机理略。

7→8：O 的烃化，机理略。

盐酸埃罗替尼

合成路线：

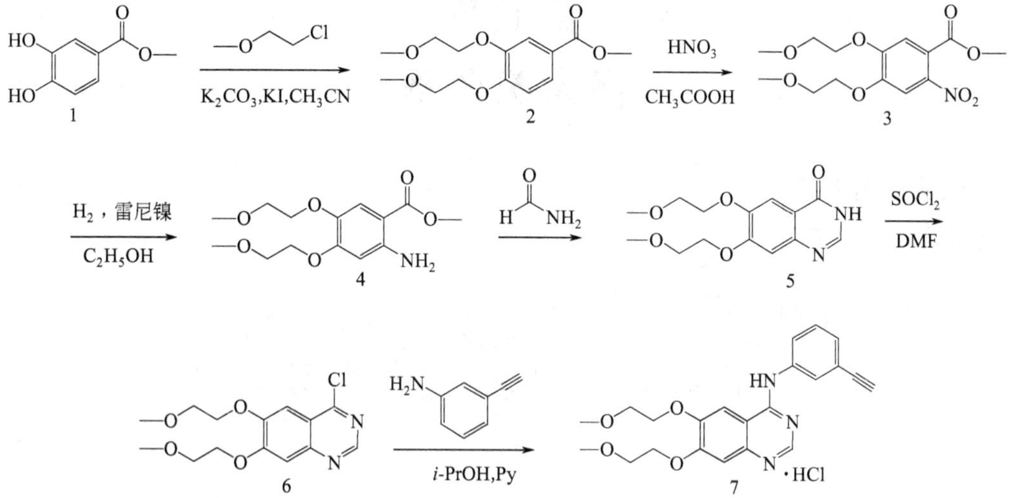

参考文献：陈仲强，陈虹主编．现代药物的制备与合成：第一卷［M］．北京：化学工业出版社，2011：198-199．

【机理分析】

1→2：O 的烃化。碘的可极化性大，对氯代烷进行碘置换反应，其动力是 KCl 在乙腈中溶解度小。碘代烷中碘受到 H 极化，使碳的正电荷增加，与 O 的孤对电子反应，生成 O 正离子，K_2CO_3 作为除酸剂。

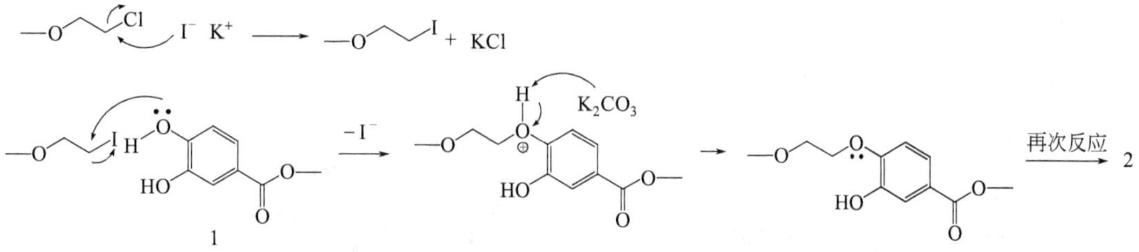

2→3：硝化，机理略。

3→4：还原，机理略。

4→5：N 的烃化，关环，H^+ 重排。

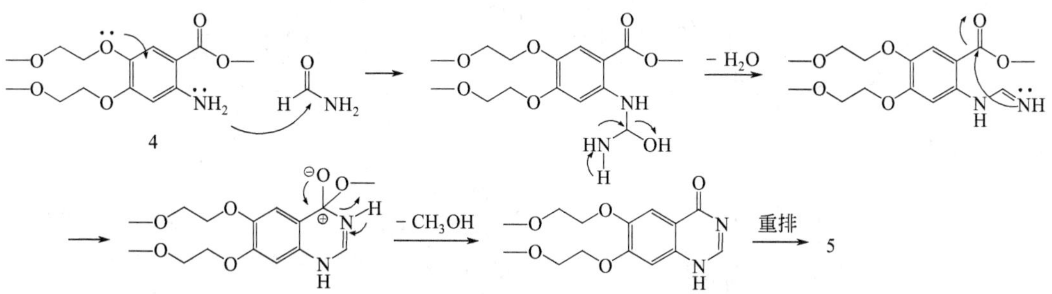

5→6：氯化，机理略。

6→7：N 的烃化，机理略。

第五节
激素类药物

枸橼酸托瑞米芬

合成路线：

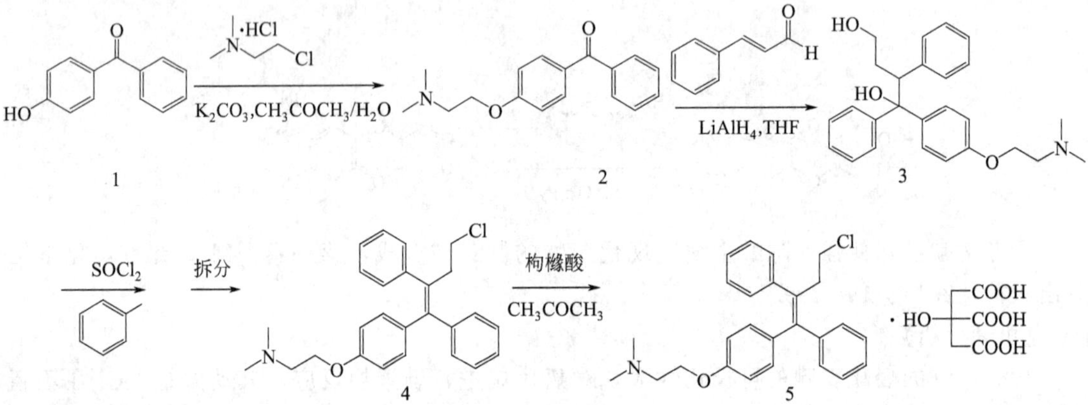

参考文献：陈仲强，陈虹主编．现代药物的制备与合成：第一卷［M］．北京：化学工业出版社，2011：193-194.

【机理分析】

1→2：O 的烃化，机理略。

2→3：C 的烃化。

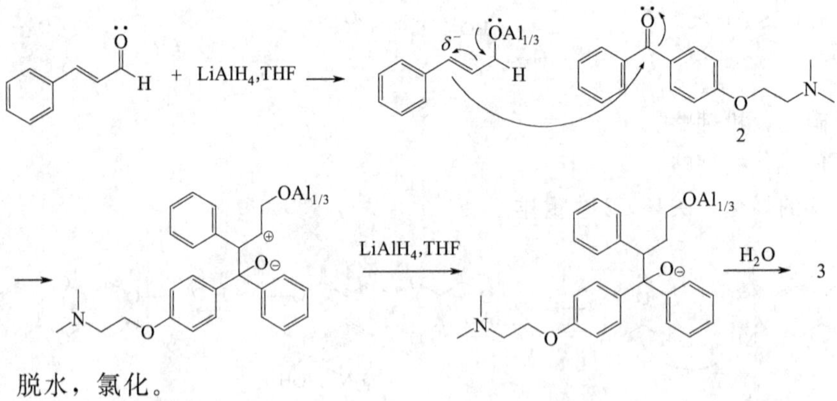

3→4：脱水，氯化。

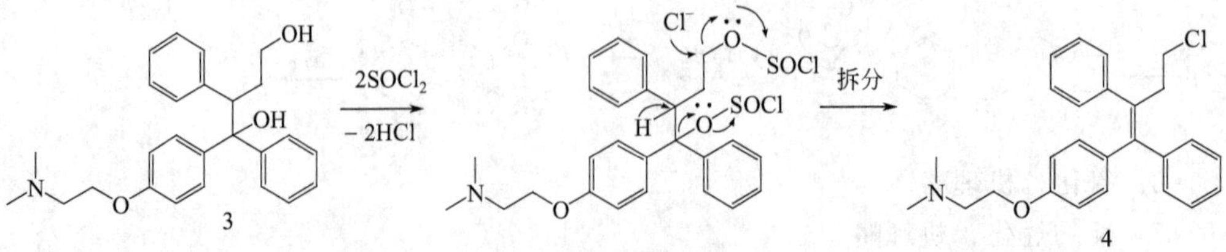

4→5：成盐，机理略。

阿那曲唑

合成路线：

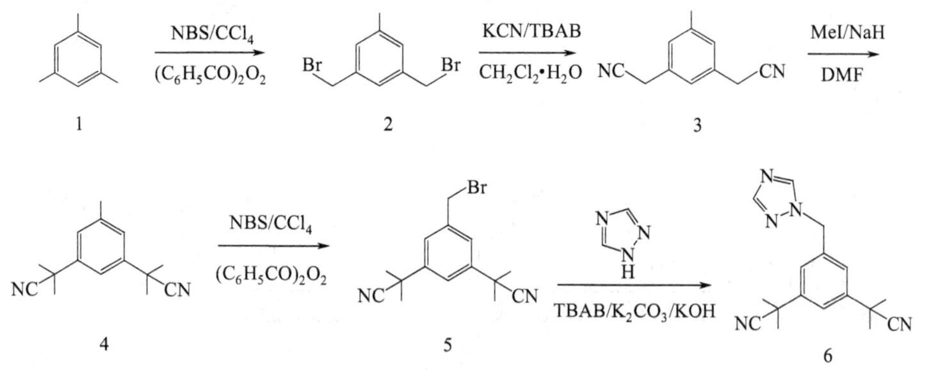

参考文献：陈仲强，陈虹主编．现代药物的制备与合成：第一卷［M］．北京：化学工业出版社，2011：189-190.

【机理分析】

1→2：溴代，自由基反应。过氧苯甲酰为自由基引发剂，NBS 失去 Br 后形成的自由基与苯甲酸反应，产生苯甲酸自由基，可以循环使用。

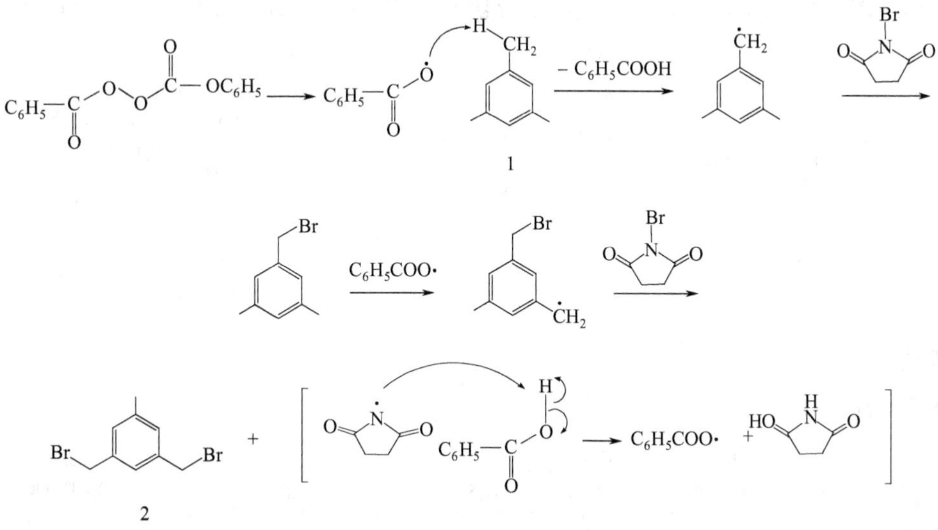

2→3：溴的氰基取代，C—CN 键稳定性大于 C—Br 键，机理略。

3→4：活性亚甲基碳的甲基化反应。

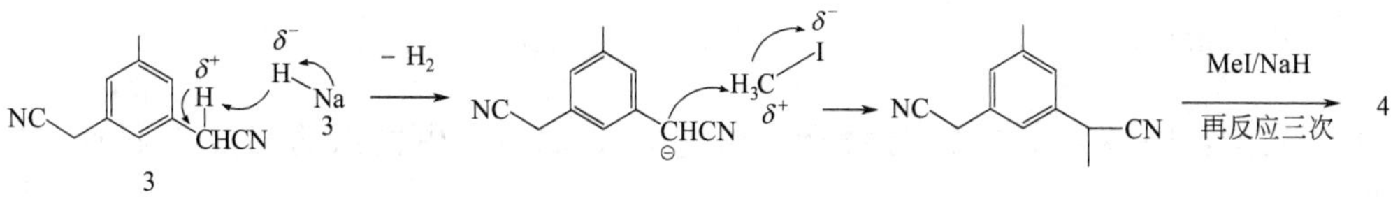

4→5：溴代，自由基反应，机理略。

5→6：碳的烃化反应。

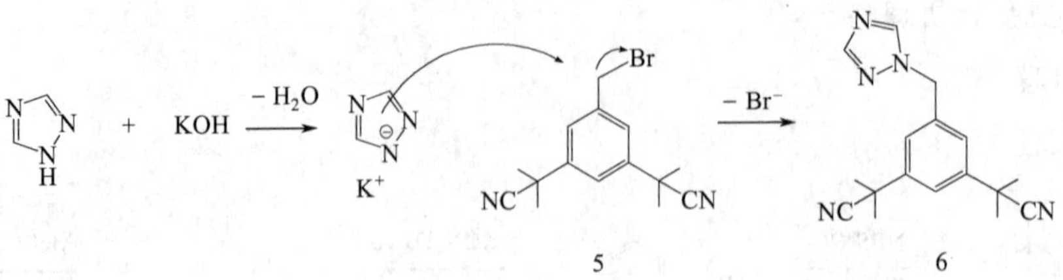

来曲唑

合成路线：

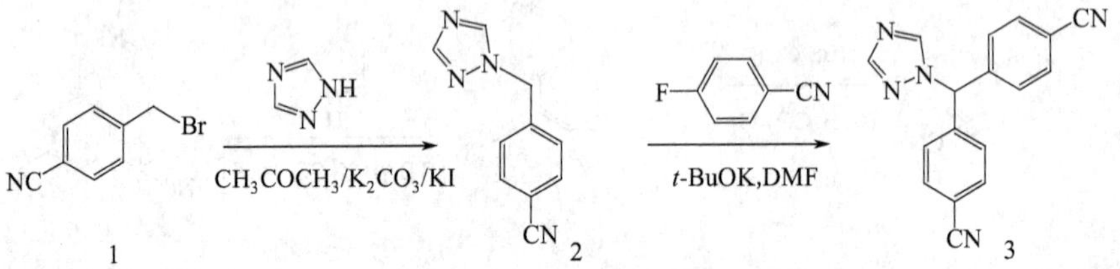

参考文献：陈仲强，陈虹主编．现代药物的制备与合成：第一卷 [M]．北京：化学工业出版社，2011：187-188.

【机理分析】

1→2：氮的烃化反应。溴代烷先被碘置换，生成碘代烷，碘的可极化性大，易于反应，机理略。

2→3：碳的烃化反应。t-BuOK 是个位阻很大的强碱，易于夺取 H^+，难以进行亲核反应。

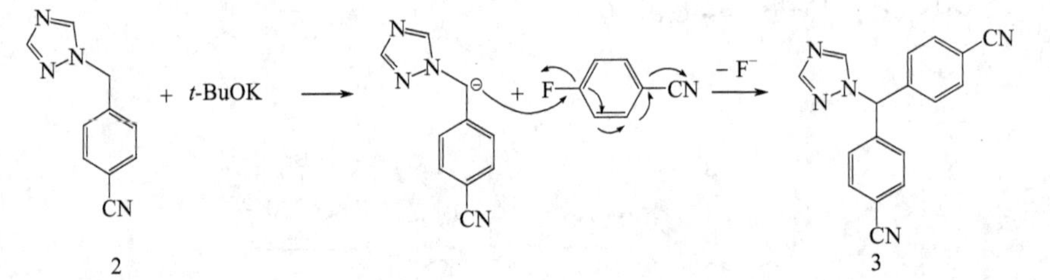

氟他胺

合成路线：

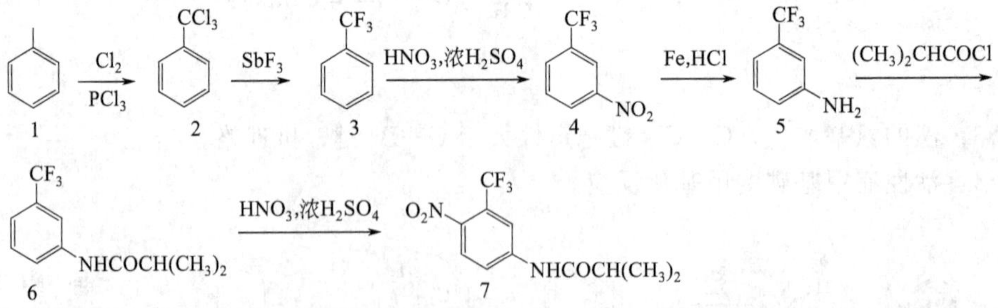

参考文献：陈芬儿．有机药物合成法 [M]．北京：中国医药科技出版社，1999：246-247.

【机理分析】

1→2：自由基反应。不断通入氯气，不断生成五氯化磷。五氯化磷受热不断产生氯自由

138

基，不断对甲苯苄位进行氯化。

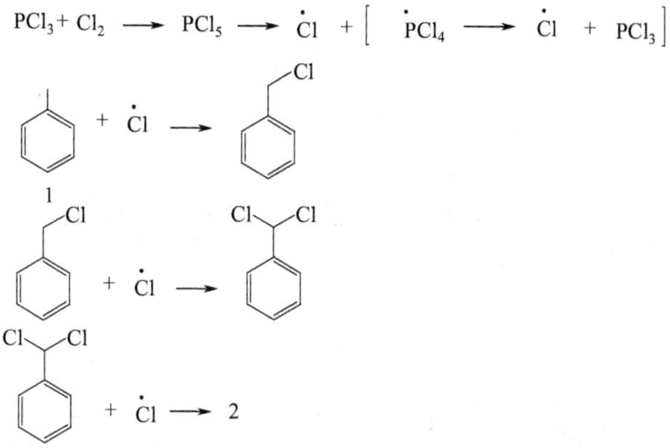

$$PCl_3 + Cl_2 \longrightarrow PCl_5 \longrightarrow \dot{C}l + \left[\ \dot{P}Cl_4 \longrightarrow \dot{C}l + PCl_3 \right]$$

2→3：Cl 的 F 置换，C—F 键稳定性大于 C—Cl 键，机理略。

3→4：硝化，机理略。

4→5：还原，机理略。

5→6：N 的酰化，机理略。

6→7：硝化，机理略。

尼鲁米特

合成路线：

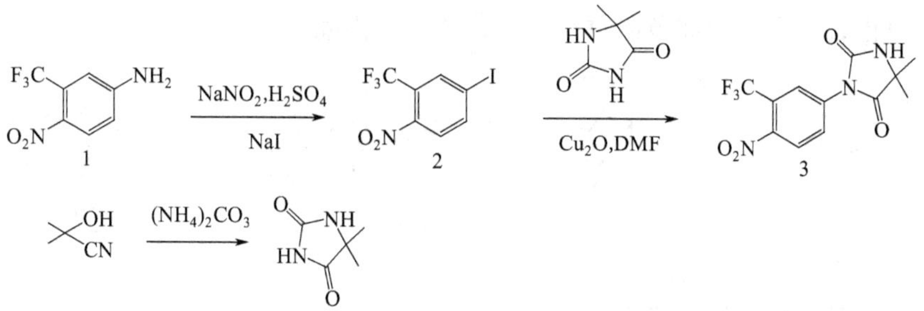

参考文献：陈仲强，陈虹主编．现代药物的制备与合成：第一卷［M］．北京：化学工业出版社，2011：191-192.

【机理分析】

1→2：碳的碘化，通过芳伯胺重氮化，自由基反应，机理略。

2→3：DMF 和氧化亚铜均为碱，碘负离子与氧化亚铜生成 CuI，不溶于 DMF，防止了碘负离子的可逆性反应。

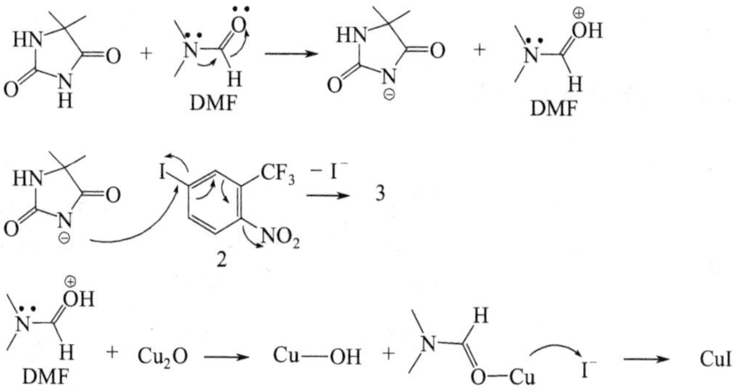

R-比卡鲁胺

合成路线：

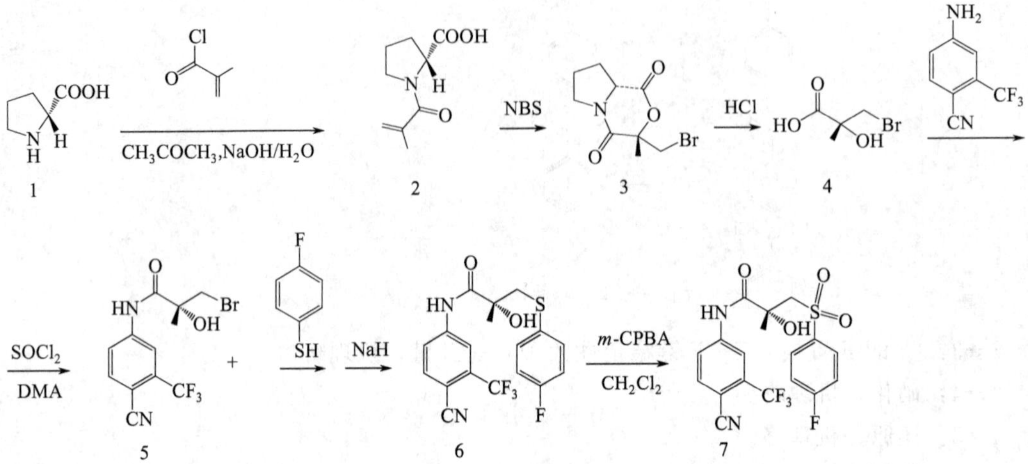

参考文献：陈仲强，陈虹主编．现代药物的制备与合成：第一卷 ［M］．北京：化学工业出版社，2011：190-191．

【机理分析】

1→2：N 的酰化，通过酰氯，NaOH 作为除酸剂，机理略。

2→3：自由基反应，空间位阻较小优先，关环、内酯。

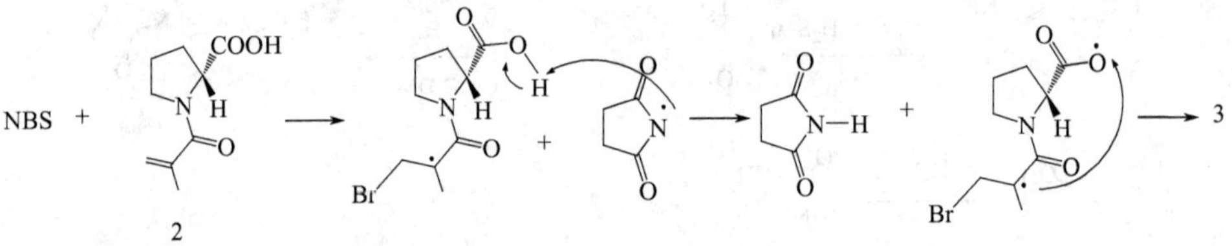

3→4：酯及酰胺的水解，机理略。

4→5：羧酸的酰氯化、N 的酰化，机理略。

5→6：S 的烃化。

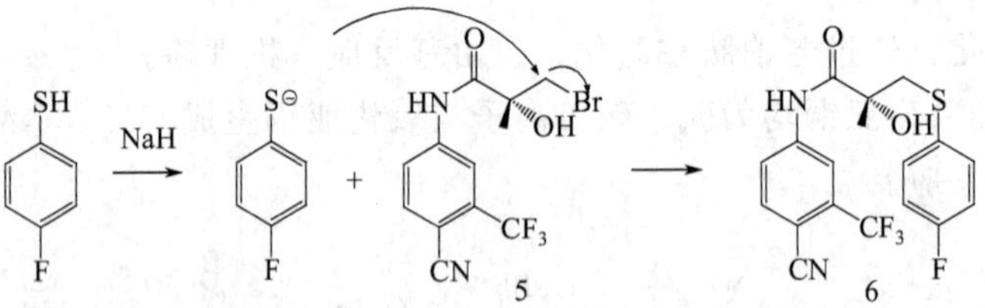

6→7：间氯过氧苯甲酸对 S 的氧化。

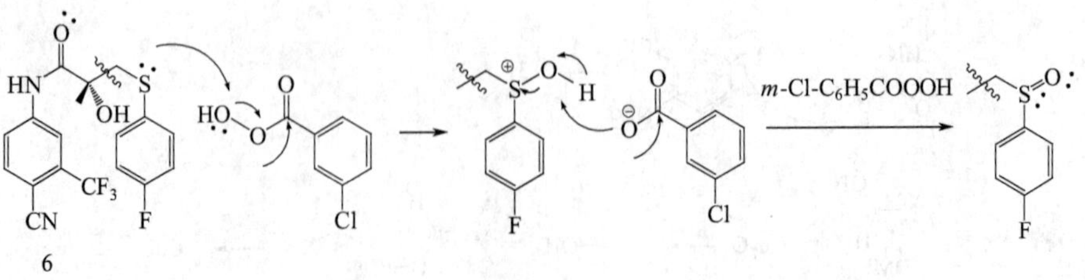

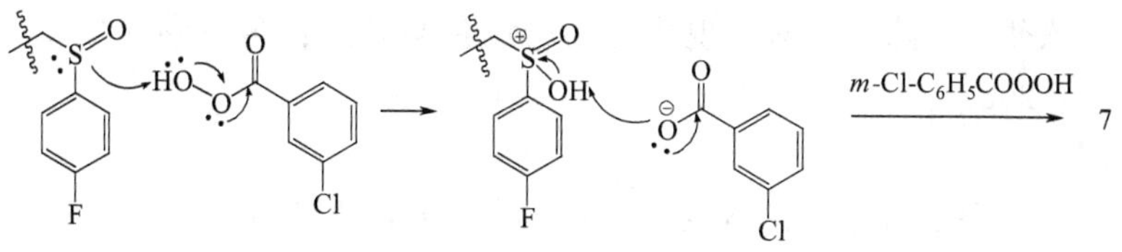

$$\xrightarrow{\ m\text{-Cl-C}_6\text{H}_5\text{COOOH}\ } 7$$

第六节
其他抗肿瘤药

雷佐生

合成路线：

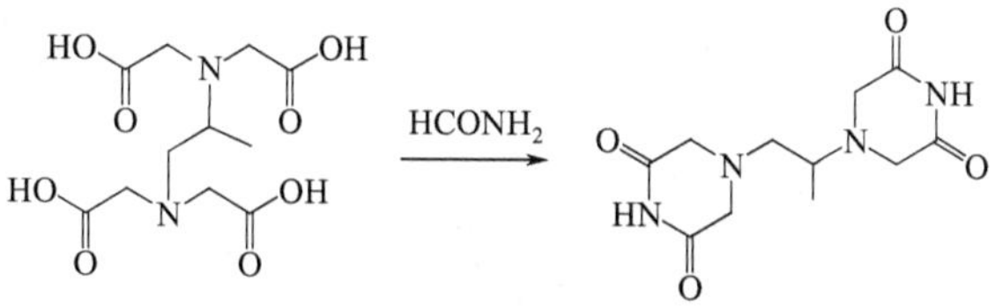

参考文献：陈仲强，陈虹主编．现代药物的制备与合成：第一卷［M］．北京：化学工业出版社，2011：202.

【机理分析】：N 的酰化，关环。

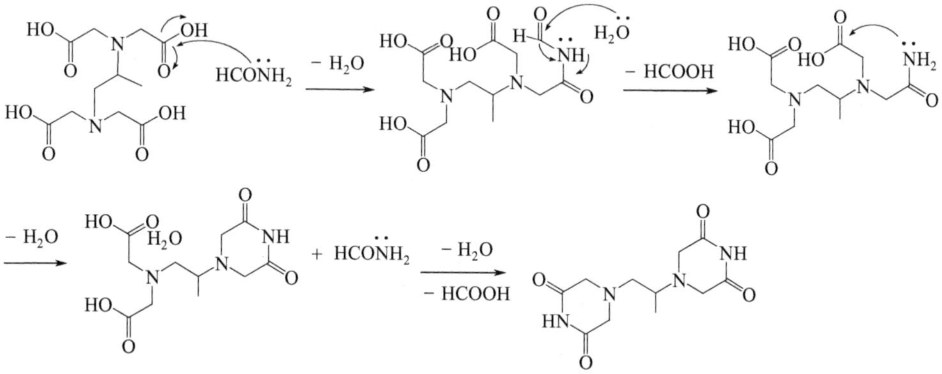

右雷佐生

合成路线：

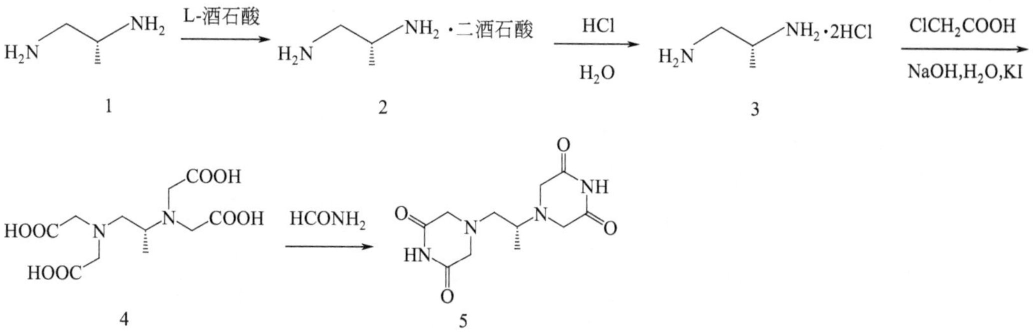

参考文献：陈仲强，陈虹主编．现代药物的制备与合成：第一卷 [M]．北京：化学工业出版社，2011：202.

【机理分析】

1→2：利用与 L-酒石酸成盐溶解度不同，达到拆分，机理略。

2→3：与盐酸成盐，防止反应速率过快导致反应过于剧烈和副产物较多，机理略。

3→4：KI 置换 Cl 代烷中的 Cl，NaOH 除酸，缓缓进行反应，机理略。

4→5：N 的酰化，关环，机理略。

第一节
β-内酰胺类抗生素

阿莫西林钠

合成路线：

参考文献：郑虎主编．药物化学［M］.6 版．北京：人民卫生出版社，2010：271.

【机理分析】

本文提供了不稳定酸通过置换成盐的方法。阿莫西林分子中因 N 原子吸电子基作用，酸性较强，容易失 H^+；烷基酸因烷基给电子作用，酸性弱，容易得 H^+。该反应方法系强酸制备弱酸。

苯唑西林钠

合成路线：

参考文献：郑虎主编．药物化学［M］.6 版．北京：人民卫生出版社，2010：271.

143

【机理分析】

本文提供了不稳定酸通过置换成盐的方法。苯唑西林分子中因 N 原子吸电子基作用，酸性较强，容易失 H$^+$；烷基酸因烷基给电子作用，酸性弱，容易得 H$^+$。该反应方法系强酸制备弱酸。

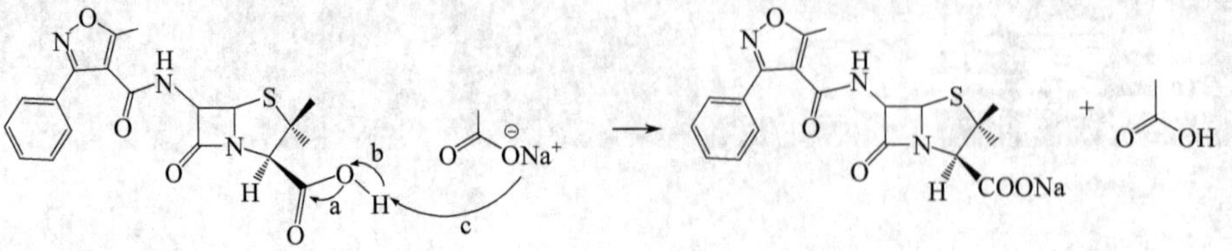

头孢氨苄

合成路线：

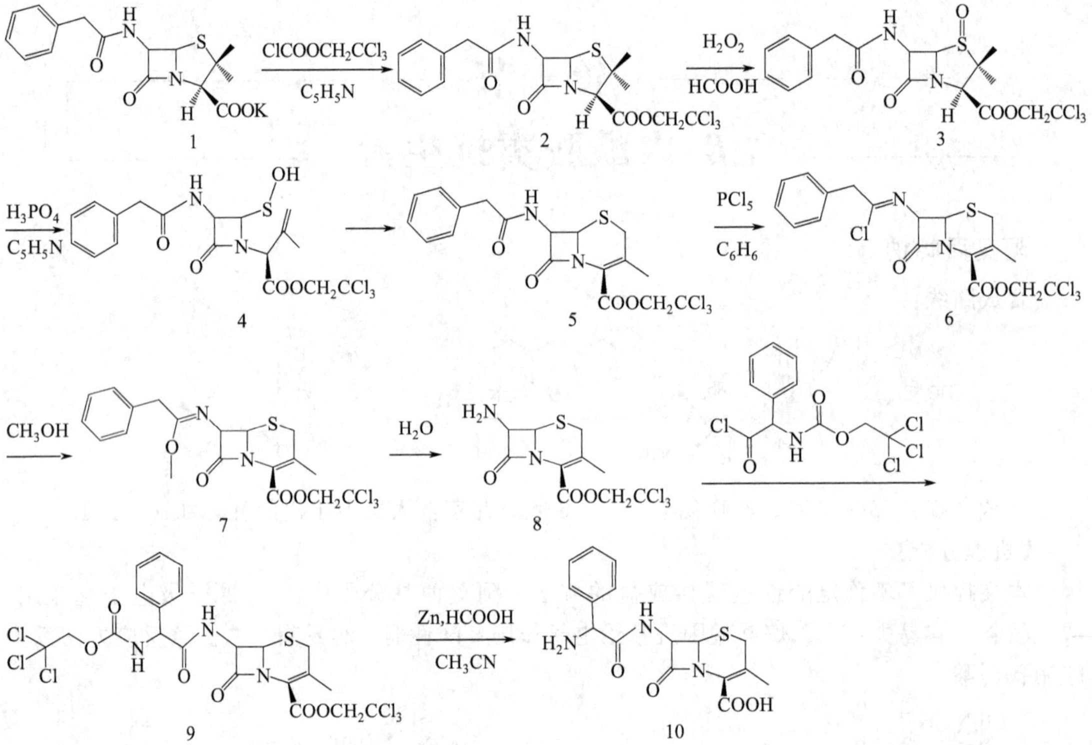

参考文献：郑虎主编．药物化学［M］．6 版．北京：人民卫生出版社，2010：274．

【机理分析】

1→2：

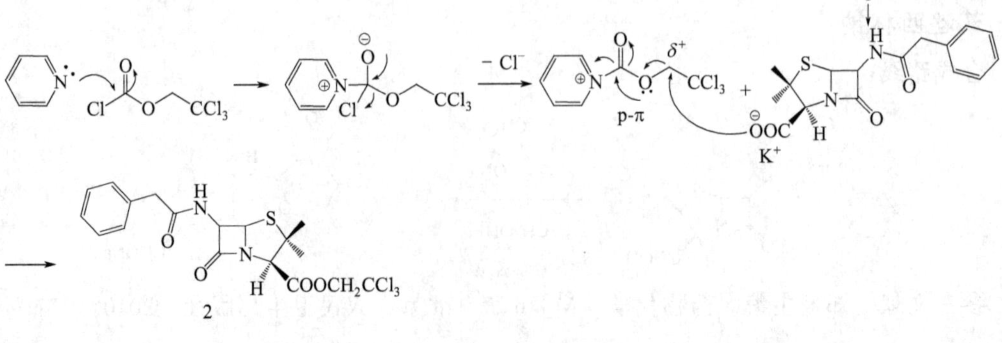

2→3：甲酸释放出一个质子，与双氧水结合，产生一个氧正离子，氧正离子缺电子，进攻硫原子上的孤对电子，产生硫正离子，氧上的孤对电子向硫原子转移，又生成氧正离子，再失去一个质子，即得。

3→5：磷酸释放出一个质子，与 O 结合，产生一个氧正离子，氧正离子缺电子，吸引 O=S，产生硫正离子，进而产生一个碳正离子，在吡啶作用下，碳正离子 α-C 原子释放出一个质子，产生烯（4），OH 在质子作用下，脱水生成硫正离子，硫正离子与双烯反应，产生碳正离子，受碳正离子的影响，活性次甲基优先脱去一个质子，形成烯，即得。

5→6：在该分子众多的 C=O 中，侧链酰胺 p-π 共轭良好，使得 C=O 中的 O 可以转变为醇式，与 PCl₅ 作用，生成氧正离子，脱去一个质子，此时 O 上的孤对电子向 P 上 3d 轨道转移电子，此时 O 的吸电子能力增加，导致 C 的正电性增加，Cl⁻ 从背面进攻，脱氧和 Cl⁻ 进攻同时进行。由于 P 的 3d 轨道不稳定，失去一个 Cl⁻。

$6 \rightarrow 7$：在 6 分子中，氯亚胺中 C 的正电性虽比酰氯略弱一些，但也是很强的，容易受到 O 的孤对电子进攻，生成氧正离子，然后失去一个质子，即得。

$7 \rightarrow 8$：亚胺水解，机理略。

$8 \rightarrow 9$：氨基进攻酰氯，机理略。

$9 \rightarrow 10$：甲酸与 Zn 产生 Zn^{2+}，然后与羰基络合，并导致甲酸负离子进攻羰基，形成六元环络合物，阻断了 N 原子的 p-π 共轭。N 原子俘虏一个质子，进而水解。

$$HCOOH + Zn \xrightarrow{a} Zn_2^{2+} + HCOO^{\ominus} + H_2$$

$$HCOOH \rightleftharpoons HCOO^- + H^+$$

厄他培南

合成路线：

参考文献：周伟澄主编. 高等药物化学选论 [M]. 北京：化学工业出版社，2006：126.

【机理分析】

1→2：有机碱夺取活性次甲基上的质子，生成碳负离子，向羰基转移电子，生成氧负离子。磷酰氯较为活泼，和氧负离子反应，生成烯磷酸酯。

2+3→4：硫醇在碱的作用下变成硫负离子，硫负离子极易极化，故碱性非常强。由于受到羰基（c、d、e）和磷羰基（g、h）的影响，碳正电荷在该分子中最强，容易受到硫负离子进攻。

4→5 机理略。

多尼培南

合成路线：

参考文献：周伟澄主编. 高等药物化学选论［M］. 北京：化学工业出版社，2006：127.

【机理分析】

1→4：参见厄他培南的 1→4 机理分析。

4→5：机理略。

舒巴坦

合成路线：

参考文献：周伟澄主编．高等药物化学选论［M］．北京：化学工业出版社，2006：130．

【机理分析】

1→2：亚硝酸钠在酸的作用下生成亚硝酸，与氨基作用，脱水生成亚胺，在质子的作用下，脱水生成重氮盐，脱氮气，产生碳正离子。溴分子极化，产生溴负离子，与碳正离子结合，生成 α-溴代物，增强了碳的正电性，脱氢，生成碳负离子，与溴正离子结合，生成 α-二溴代物。

2→3：硫上有孤对电子，容易被氧化。硫醚和亚磺酰基均具有还原性，可同时和 7 价氧化锰、5 价氧化锰、4 价氧化锰、3 价氧化锰发生作用，机理比较复杂，自由基和正负电荷反应存在竞争。下面只给出了由 7 价锰到 3 价锰的氧化流程（正负电荷机理）。

3→4：自由基还原。α,α′-二溴代酮中的溴很容易被锌粉还原，酸越多，产生 H·自由基越多。H·自由基和 H·自由基结合，放出氢气，会使 Zn 粉还原效力下降，故 α-溴代酮中常在弱酸中反应，如醋酸。在弱酸中 H·受到束缚力大，自由基流动性差，释放氢气速度较慢，有利于还原。还原是分步进行的。

第二节
大环内酯类

阿奇霉素

合成路线：

参考文献：周伟澄主编．高等药物化学选论［M］．北京：化学工业出版社，2006：151．

【机理分析】

1→2：在 1 中，羰基正电性最强，羟胺和羰基优先反应，脱水生成羟胺。

1

2

2→3：在 1 中，磺酰氯中硫具有很强的正电性，羟胺中 O 的孤对电子流动性很大，易与磺酰氯反应。脱质子后，O 上的孤对电子发生 p-π 共轭，很容易进行贝克曼重排，产生碳正离子，6-OH 上孤对电子与碳正离子反应，脱质子即得。

2

3

3→4：$NaBH_4$ 还原，机理略。

4→5：甲醛在甲酸的催化下，生成酰基正离子，与 N 上的孤对电子发生反应，脱水生成亚胺离子，可共振为碳正离子，与甲酸分子中的两个 H 通过六元环加成（机理见于 h-i-j-k-l），释放出 CO_2（Eschweiler-Clarke 反应），最后氮正离子释放出 1 个质子，即得。

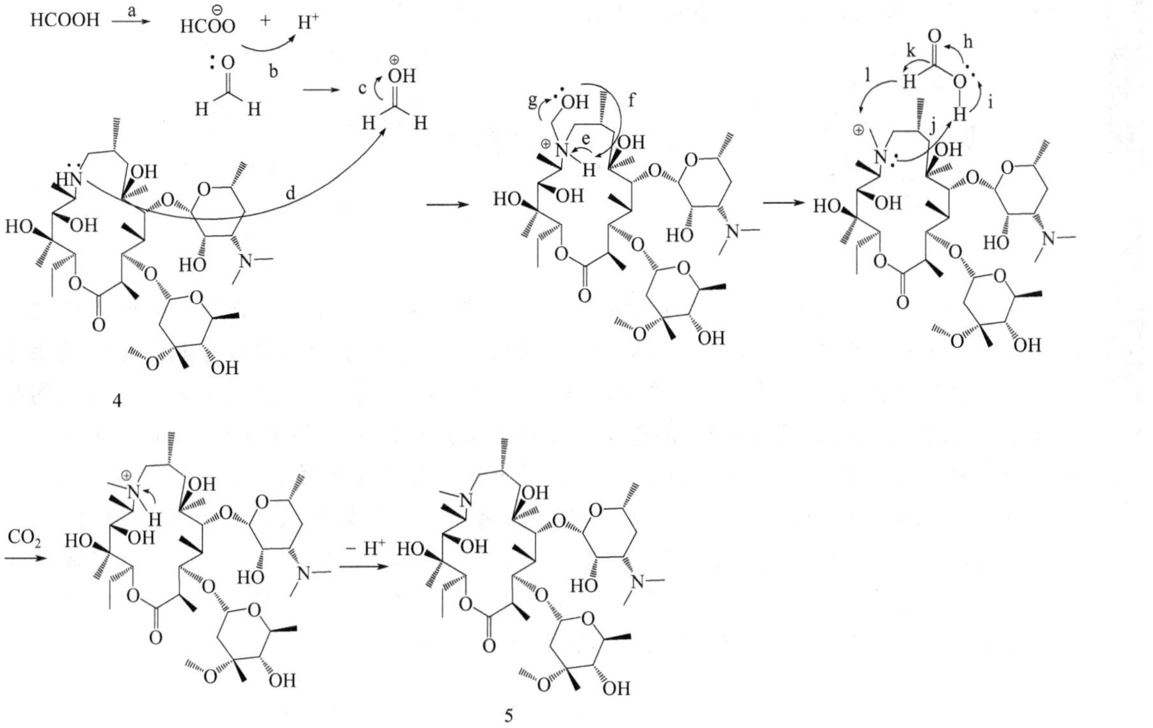

泰利霉素

合成路线：

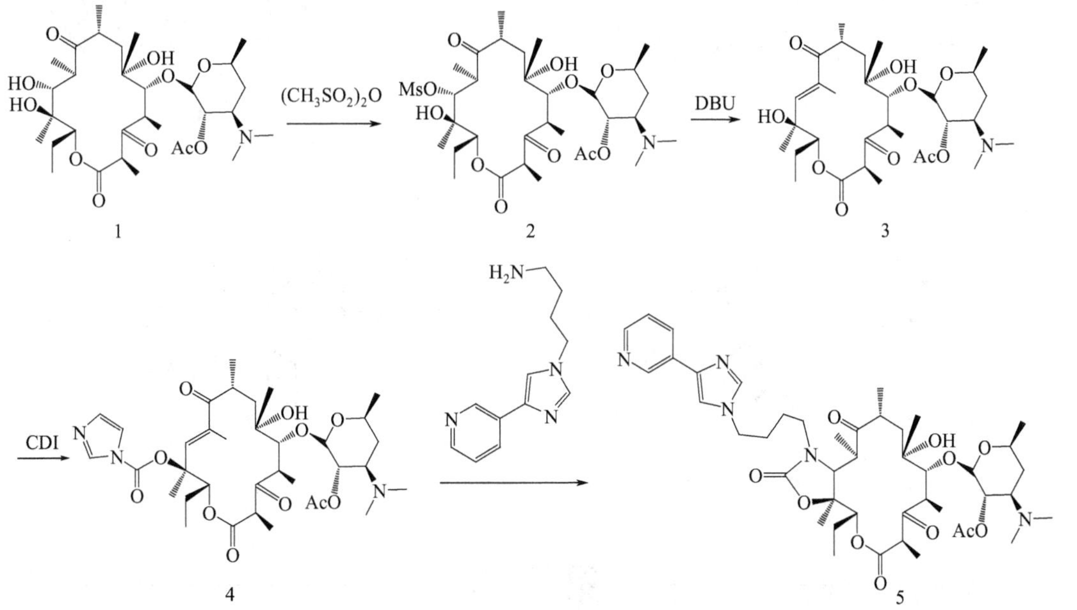

参考文献：周伟澄主编．高等药物化学选论［M］．北京：化学工业出版社，2006：151-152.

【机理分析】

1→3：在 1 中，6-OH 位阻最大，12-OH 受到 13-乙基、2-甲基、5-甲基、6-甲基空间位阻效应影响。11-OH 主要受到 12-甲基空间位阻效应影响，空间位阻最小，故 11-OH 优先反应生成 2。受 OMS 的影响，DBU 分子中两个 N 原子上的孤对电子与质子结合，有利于消除得到 3。特别指出的是 $(CH_3SO_2)_2O$ 活性很强，不可过量。

$3{\rightarrow}5$：CDI 中，N 上的孤对电子和羰基共轭效果很差，原因是 N 在环上，N 上的孤对电子参与环共轭，使之符合 $4n+2$（休克尔规则），而且在环上的碳氮双键具有很强的吸电子能力，故 N 上的孤对电子参与环共轭，与羰基共轭效果极差。此 N 对羰基，可看成明显的吸电子基团，即提高了羰基碳上的正电性。很容易进行反应。分子 3 中 12-OH 上的孤对电子与 CDI 反应生成 4。N 上的孤对电子进攻羰基，并脱去 1 个质子。由于 12-O 上的孤对电子与 N 上的孤对电子均可以向 C=O 共轭，二者是一对竞争关系。当 12-O 向羰基共轭，N 上的孤对电子则不能共轭，$\Delta^{10(11)}$ 受 9-C=O 共轭的影响，10-C 带负电荷，11-C 带正电荷，N 上孤对电子进攻 11-Cδ^+，产生 10-C 负离子。氮正离子释放 1 个质子，该质子和 10-C 负离子结合。后者为胺基对不饱和酮进行的 Michael 加成。

第三节
四环素类抗生素

替加环素

合成路线：

参考文献：郭猛. 替加环素的新合成方法 [J]. 西北药学杂志，2014，29（5）：516-518.

【机理分析】

1→2：咪唑环上 N 的孤对电子优先环内共轭，向羰基供电子能力很弱。由于 N 的吸电子能力大于 C，表现出吸电子性。综合作用的结果，进一步增加了羰基中 C 的正电性。

3→4：硝酸钾在硫酸的作用下，产出硝酸正离子；10-OH 通过 p-π 共轭向苯环提供电子，活化邻对位，对邻位活化能力大于对位，优先进攻邻位。生成的苯正离子，再经质子转移，即得。

3

4→5：H·自由基还原，还原硝基需要 6 个 H·自由基，还原亚硝基需要 4 个 H·自由基。

$$\left[H_2 + \dot{P}d \longrightarrow Pd\text{-}H + \dot{H} \right]$$

4

5

2＋5→6：酰胺的置换，稳定的酰胺置换不稳定的酰胺。其中 N 原子碱性比 O 强，优先进攻。4 个 N 原子中，(2)-N 为酰胺，碱性最弱；(3)-N、(4)-N 位阻最大，(1)-N 位阻最小，碱性最强。Na_2CO_3 作为除酸剂，有利于反应进行。

6

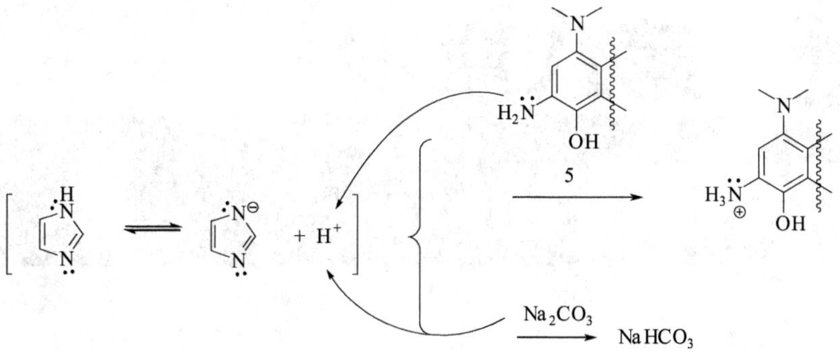
H
N
N⊖
N
+ H+
H2N
OH
5
H3N
⊕
Na2CO3
NaHCO3

第一节

合成抗菌药

吡哌酸

合成路线：

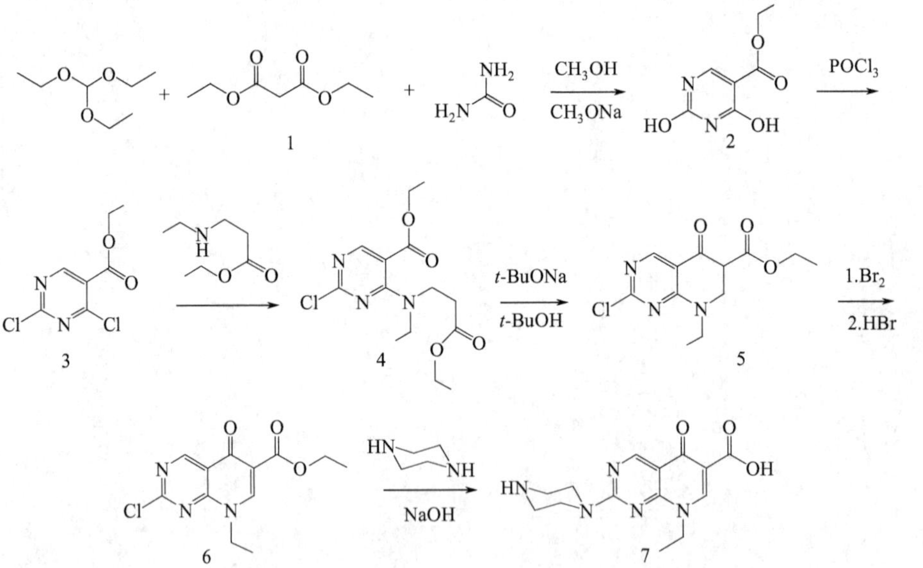

参考文献：郑虎主编．药物化学［M］．6 版．北京：人民卫生出版社，2010：301．

【机理分析】

1→2：

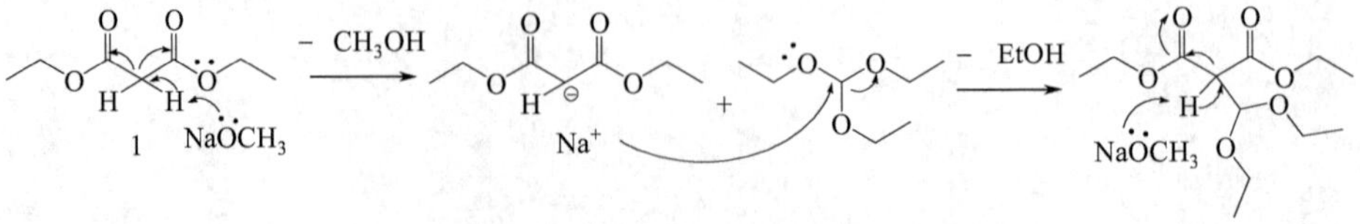

2→5：

5→6：

6→7：

环丙沙星

合成路线：

参考文献：郑虎主编．药物化学［M］．6 版．北京：人民卫生出版社，2010：307．

【机理分析】

1→2：

2→3：

3→4：

4→5：

5→6：

6→7：

7→8：

8→9：需要碱作为除酸剂，可以促进反应顺利进行。

氧氟沙星

合成路线：

发烟硝酸 / H_2SO_4 → 6 → KF,DMSO / $C_{16}H_{33}N^+(CH_3)_3Br^-$ → 7 → KOH,H_2O → 8 → $ClCH_2COCH_3$ →

9 → H_2,雷尼镍 / C_2H_5OH → 10 → 1.EMME 2.B(OCOCH$_3$)$_3$ → 11 → Et_3N,[甲基哌嗪] / DMSO →

12 → CH_3OH,H_2O → 13

参考文献：陈芬儿. 有机药物合成法［M］. 北京：中国医药科技出版社，1999：933-943.

【机理分析】

1→2：过氧酸和盐酸结合，生成氧正离子，因氧正离子吸电子作用，H_2O_2 的另一个氧与 Cl^- 作用，生成次氯酸，其反应机理应为 S_N2。

2→3：磺胺水解脱单磺酸氨，再经中和，即得。

3→5：芳伯胺生成重氮盐，氮正离子和四氟化硼负离子生成复盐，不溶于水，析出沉淀（类似生物碱的沉淀试剂）。重氮盐不稳定，受热分解，释放出氮气，产生间二氯苯正离子，与 BF_4^- 中解离出的 F^- 结合，释放出三氟化硼。三氟化硼为强路易斯酸，为防止环境污染和损害人体健康，需要 NaOH 溶液中和。

5→6：硝化，F 为吸电子基，钝化苯环的邻对位，Cl 上的孤对电子和苯环发生共轭，为弱的供电子基，活化苯环的邻对位。引入一个硝基后，因硝基的钝化作用明显，引入第二个硝基困难得多，机理略。

6→7：Cl 的 F 置换。因硝基吸电子作用，距离越远，传递作用衰减越多，对邻位作用大于对位，对位大于间位，即邻位氯可优先失去，机理略。

7→8：因硝基吸电子作用，邻位氟可优先失去，被羟基取代，机理略。

8→9：O 的烃化反应，机理略。

9→10：硝基还原，席夫碱关环反应，脱水，亚胺再还原。

10→11：加成，消除，络合，傅克酰化反应。

161

11→12：N 的烃化，机理略。

12→13：水解，机理略。

甲氧苄啶

合成路线：

参考文献：郑虎主编．药物化学［M］．6 版．北京：人民卫生出版社，2010：319.

【机理分析】

1→4：

4→5：

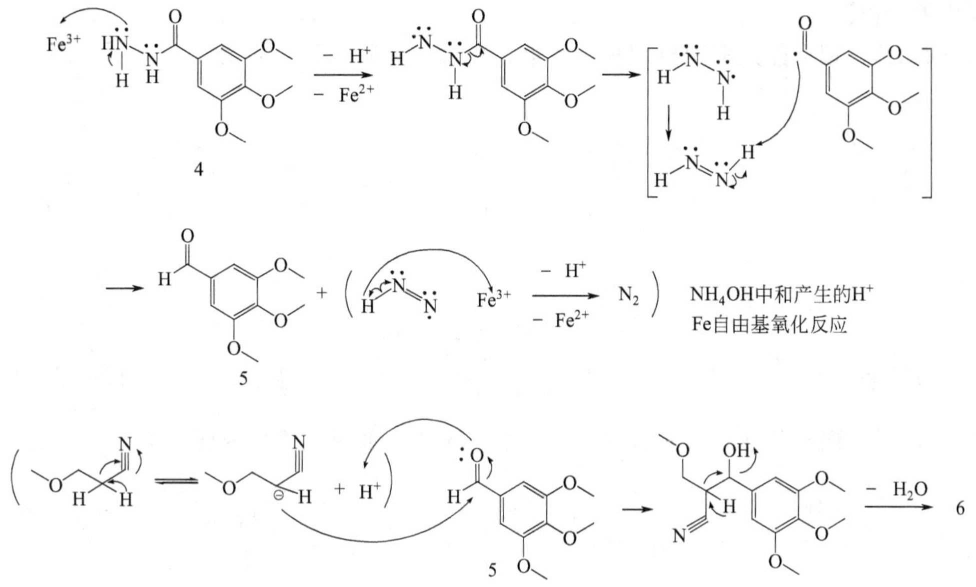

6→7：

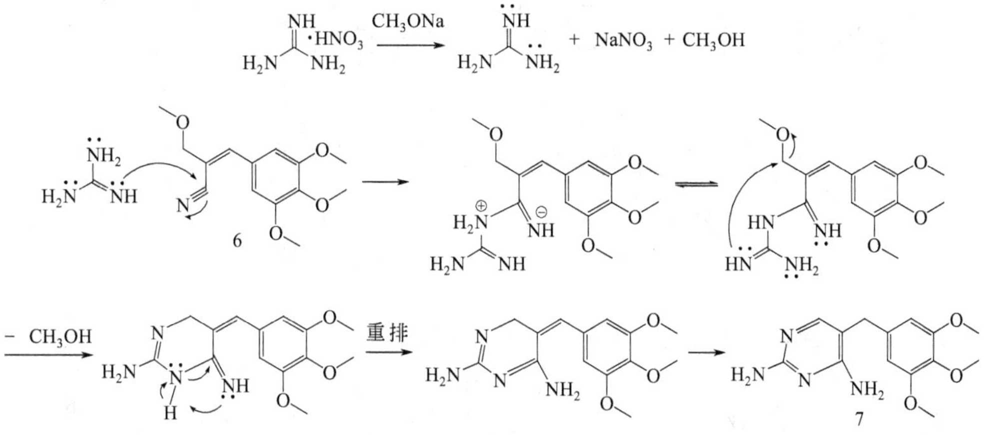

第二节 抗结核药

异烟肼

合成路线：

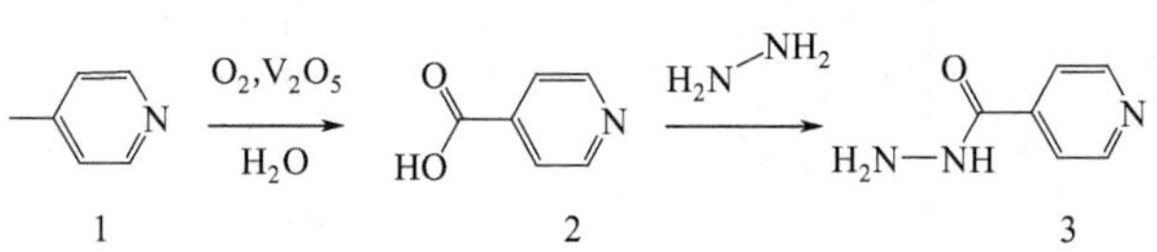

参考文献：郑虎主编．药物化学［M］．6 版．北京：人民卫生出版社，2010：310．

【机理分析】

1→2：其机理可能是多种机理相互竞争，以自由基氧化反应为主。

第一阶段：

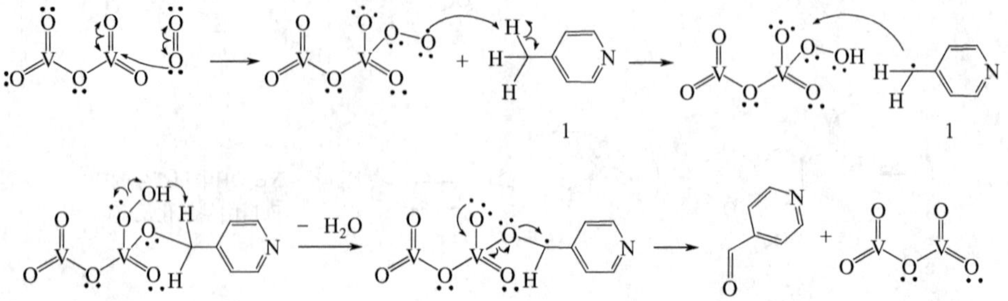

第二阶段：醛氧化成酸，先被氧化过氧酸。无催化剂时，氧化速度缓慢。

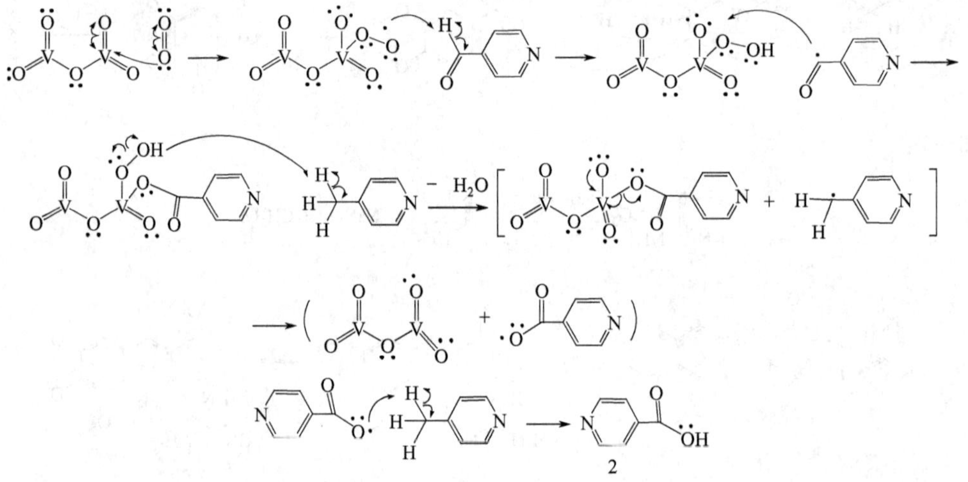

其他自由基反应，当有催化剂存在时，氧化速度加快。

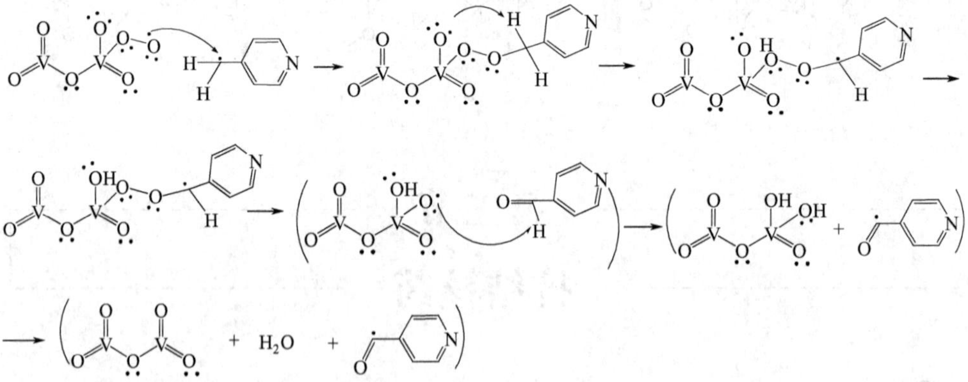

2→3：成酰肼。

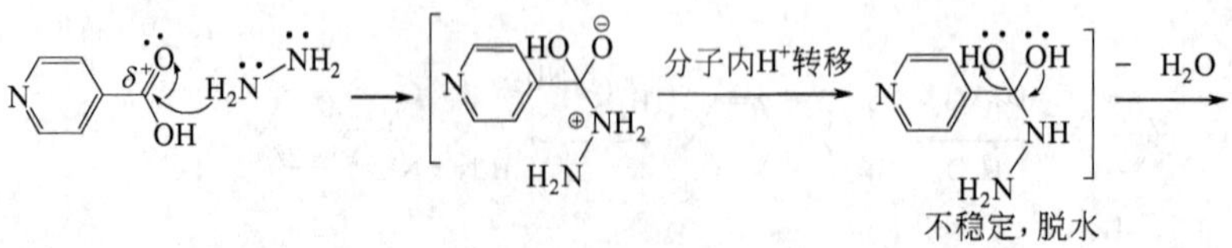

分子内H⁺转移

不稳定,脱水

药物合成原理与实例速成

实例篇

第三节
抗真菌药

益康唑

合成路线：

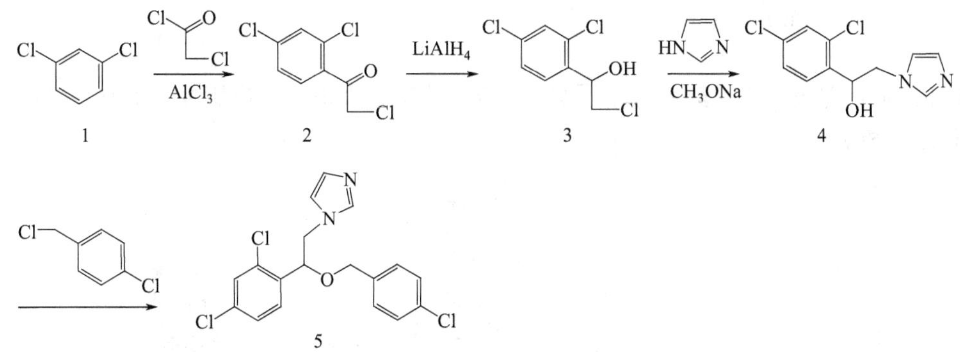

参考文献：郑虎主编．药物化学［M］．6 版．北京：人民卫生出版社，2010：324．

【机理分析】

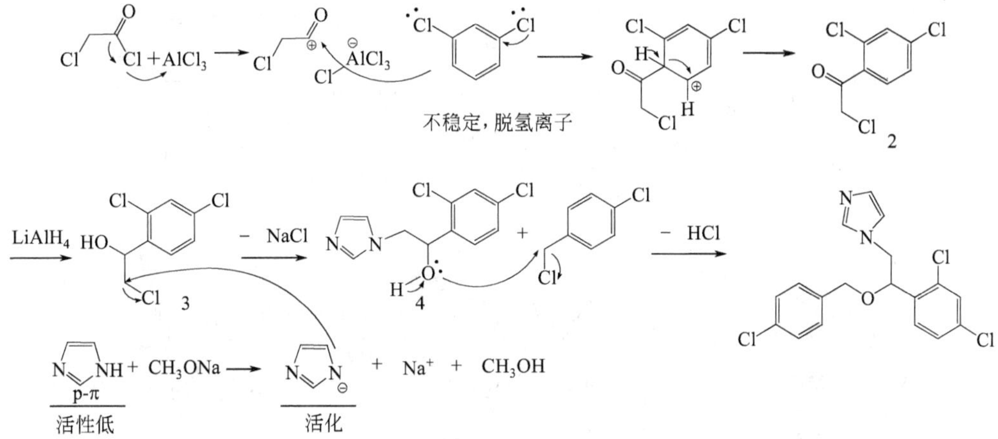

第四节
抗病毒药

利巴韦林

合成路线：

CaCl$_2$
Ac$_2$O,HAc

NH$_3$/CH$_3$OH

1　　2　　3

4

参考文献：郑虎主编．药物化学［M］．6版．北京：人民卫生出版社，2010：330.

【机理分析】

p-π

p-π

1

2

（弱酸）

活化

- OAc

- H$^+$

氨解

不稳定，脱氢离子

3

不稳定，脱氢离子

4

齐多夫定

合成路线：

DEAD/Ph$_3$P
4-MeOC$_6$H$_4$COOH

NaN$_3$
DMF

1　　　　2　　　　3

$$\xrightarrow[\text{CH}_3\text{OH}]{\text{CH}_3\text{ONa}}$$

4

参考文献：郑虎主编．药物化学 ［M］．6 版．北京：人民卫生出版社，2010：334.

【机理分析】

DEAD
双键极化诱导

4-MeOC$_6$H$_4$COOH

伯醇位阻小

1

不稳定，体系重排

$-$ Ph$_3$P=O

4-MeOC$_6$H$_4$COO$^\ominus$

互变异构

4-MeOC$_6$H$_4$COO$^\ominus$

$$- Ph_3P{=}O$$

$$2$$

$$- Na^+$$

$$NaN_3 \rightleftharpoons N_3^{\ominus} + Na^+$$

$$- 4\text{-}MeOC_6H_4COOH$$

$$3$$

$$\xrightarrow{CH_3OH} \quad + CH_3ONa$$

$$4$$

阿昔洛韦

合成路线：

$$1 \xrightarrow{ClSi(CH_3)_3} 2 \xrightarrow[CH_3CH_2OH]{AcO\diagup\diagdown O\diagup\diagdown X} 3 \xrightarrow{水解}$$

$$4$$

参考文献：郑虎主编．药物化学［M］．6 版．北京：人民卫生出版社，2010：335．

【机理分析】

$$- Cl^-$$

不稳定，脱氢离子

$$- H^+$$

$$CH_3CH_2OH$$
双 p-π，易失 H^+

$$- CH_3CH_2OH_2^+$$

$$\xrightarrow{HCl \atop 水解} \quad + CH_3COOH$$

依法韦仑

合成路线：

参考文献：周伟澄主编．高等药物化学选论［M］．北京：化学工业出版社，2006：188．

【机理分析】

1→3：

3→4：

4→5：

5→7：机理略。

硫酸茚地那韦

合成路线：

参考文献：周伟澄主编．高等药物化学选论［M］．北京：化学工业出版社，2006：192.

【机理分析】

1→2：苄位 OH 很容易在酸的作用下脱水。乙腈中 N 的孤对电子进攻苄位，生成氮正离子，然后和水加成，重排，水解，即得。

2→3：三乙胺作为除酸剂。

3→4：

4→5：LHS 为六甲基二硅烷氨基锂，Ts 为苯磺酰基。

5→6：N 的孤对电子优先进攻空间位阻较小、正电性更高的环氧乙烷中的碳；然后通过盐酸加热水解。水解选择性：质子优先与空间位阻最小、电子云密度丰富的羰基结合。

6→7：N 的烃化，亲核反应，三乙胺作为除酸剂。

磷酸奥司他韦

合成路线：

（化学结构图：化合物 1 经 (CH₃)₂C(OCH₃)₂ / TsOH/CH₃COCH₃ 生成 2；2 经 EtONa/EtOH 生成 3；3 经 MeSO₂Cl / CH₂Cl₂/Et₃N 生成 4）

（化学结构图：化合物 4 经 SO₂Cl₂ / Py/CH₂Cl₂ 生成 5；5 经 HClO₄ / Et₂CO 生成 6；6 经 1.BH₃·Me₂S、2.TMSOTF₃ 反应）

（化学结构图：化合物 7 经 KHCO₃/EtOH 生成 8；8 经 NH₄Cl/NaN₃/EtOH 生成 9；9 经 Ph₃P 或 Me₃P / CH₃CN 反应）

（化学结构图：化合物 10 经 NH₄Cl/NaN₃/DMF 生成 11；11 经 Ac₂O 生成 12；12 经 1.雷尼镍/H₂、2.85%H₃PO₄ 反应）

（化学结构图：化合物 13 · H₃PO₄）

参考文献：陈仲强，陈虹主编．现代药物的制备与合成：第一卷［M］．北京：化学工业出版社，2011：102-105.

【机理分析】

1→2：缩酮及缩酮置换，分子内酸、醇关环形成内酯，机理略。

2→3：内酯的乙醇解，机理略。

3→4：醇的磺酰化，机理略。

4→5：醇的氯磺酰化，消除，机理略。

5→6：缩酮的置换，利用沸点差异，沸点小的先蒸出来，机理略。

6→7：在分子 6 中，电子云比较丰富的 O 主要是缩酮，其他 O 存在 p-π 共轭，或者是 π 键，电子云密度较低。其次在缩酮中，位阻最小的 O 优先进行硅烷化。最后在碱性条件下脱去保护基团，即得。因空间位阻明显，水解之后，张力降低，有利于水解。

（反应机理图：TMSOTF₃ 位阻小，e 丰富 + 化合物 6 —— $-CF_3COO^{\ominus}$ —— 生成产物，BH₃·Me₂S）

7→8： 加入碳酸氢钾，反应在 55～60℃进行，碳酸氢钾有一定分解，生成的碱与分子 7 中醇羟基形成分子内氢键，显著地提高了氧原子的电子云密度，有利于其进攻甲磺酰基。

$$2KHCO_3 \xrightarrow{\text{加热}} K_2CO_3 + H_2O + CO_2 + K_2CO_3 + H_2O \longrightarrow 2KHCO_3 + \overset{\ominus}{O}H$$

8→9： 叠氮负离子从位阻较小的部位进攻。

$$NH_4Cl + NaN_3 \longrightarrow NaCl + \left(NH_4N_3 = \right)$$

9→10： 三甲基磷提供电子，辅助脱氮气。

10→11： NH_3 中孤对电子从位阻较小的方向进攻亚乙基亚胺，机理略。

11→12： 酰化，机理略。

12→13： 还原，机理略。

174

第五节
抗寄生虫药

阿苯达唑

合成路线：

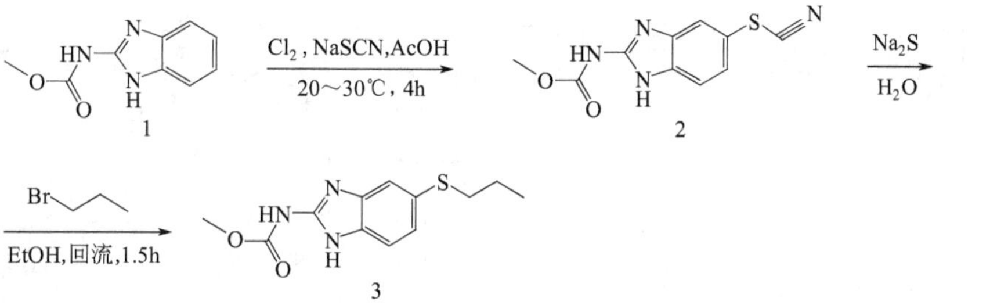

参考文献：郑虎主编．药物化学［M］．6版．北京：人民卫生出版社，2010：337.

【机理分析】

1→2：巯基具有极强的可极化性，进攻性极强。

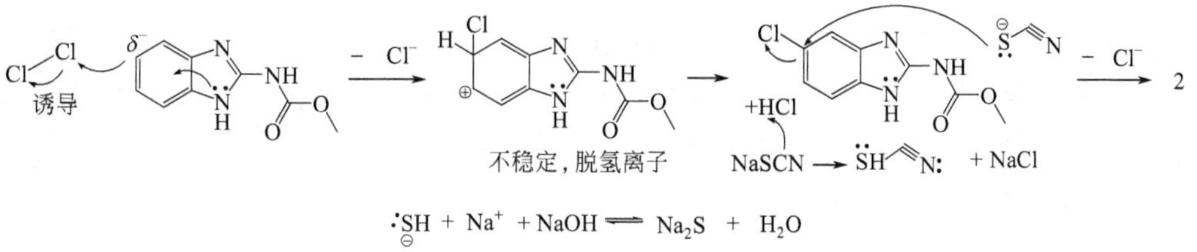

$$\overset{\ominus}{\ddot{S}}H + Na^+ + NaOH \rightleftharpoons Na_2S + H_2O$$

2→3：

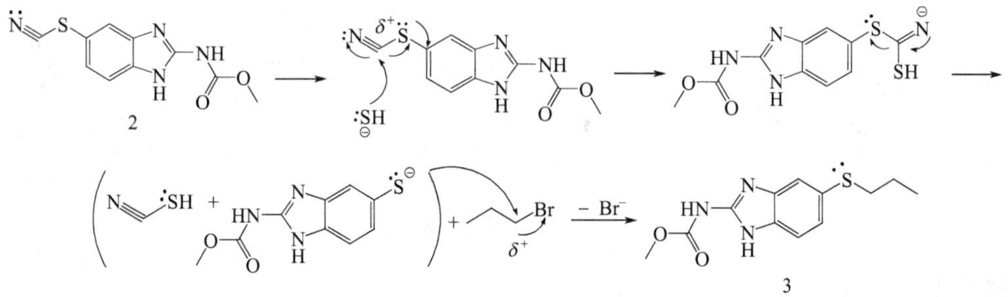

吡喹酮

合成路线：

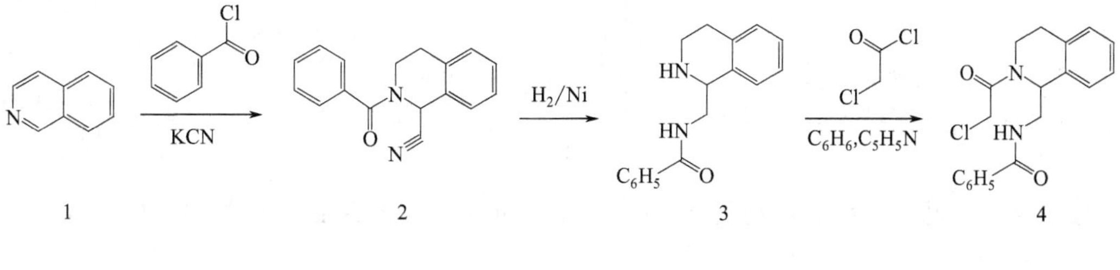

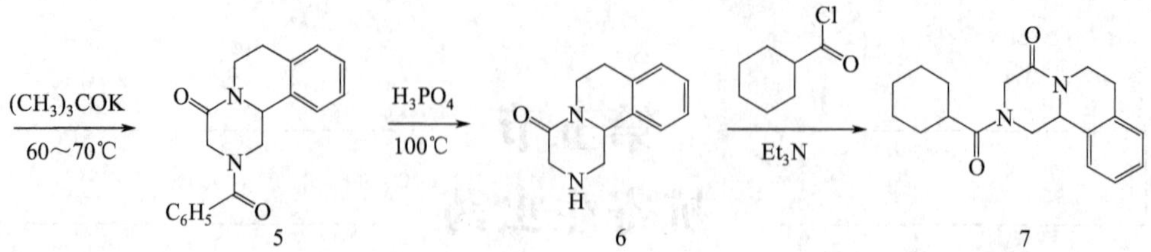

参考文献：郑虎主编．药物化学［M］．6 版．北京：人民卫生出版社，2010：339．

【机理分析】

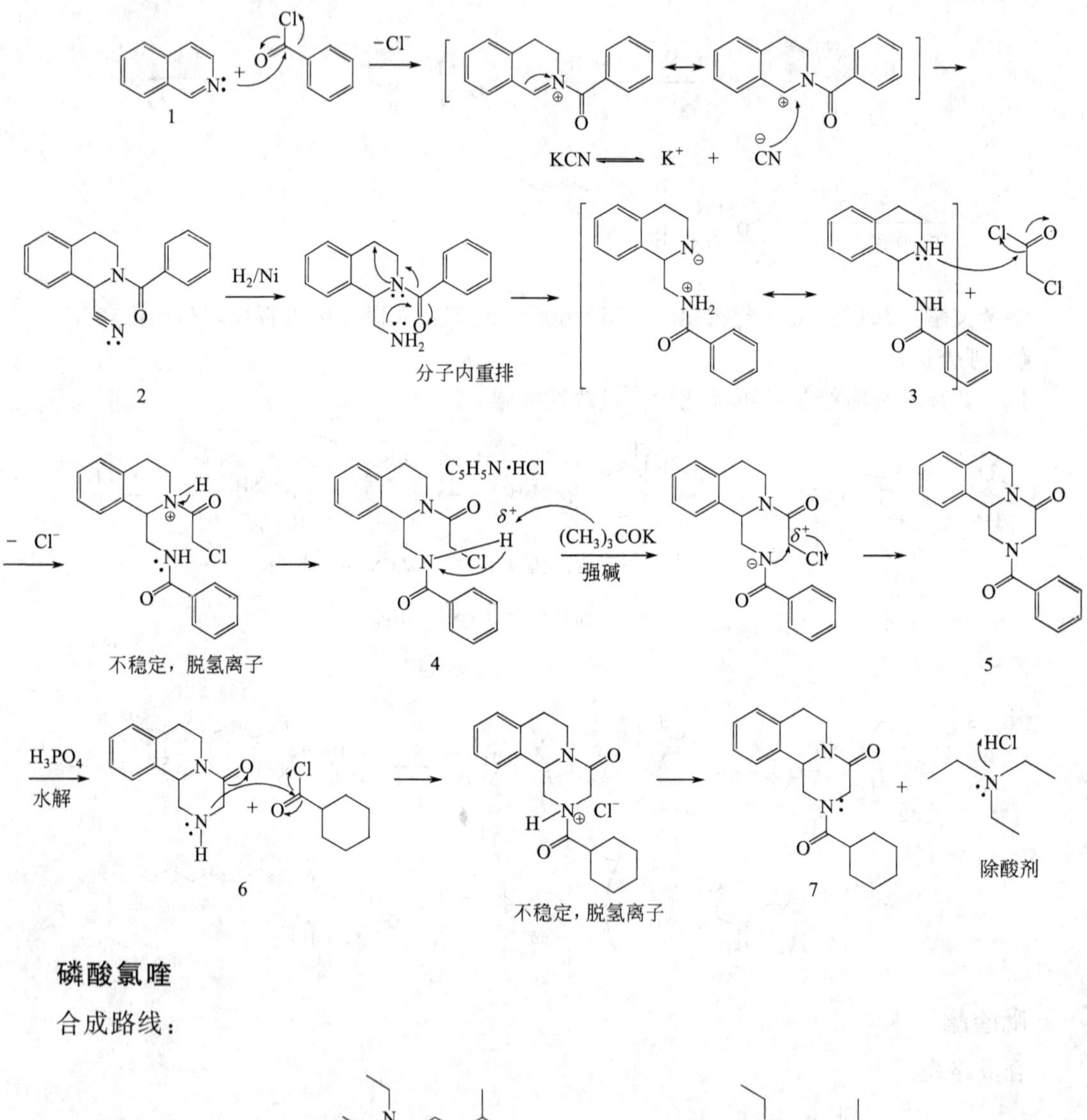

KCN $\rightleftharpoons$ K$^+$ + $\overset{\ominus}{C}$N

分子内重排

不稳定，脱氢离子

不稳定，脱氢离子

除酸剂

磷酸氯喹

合成路线：

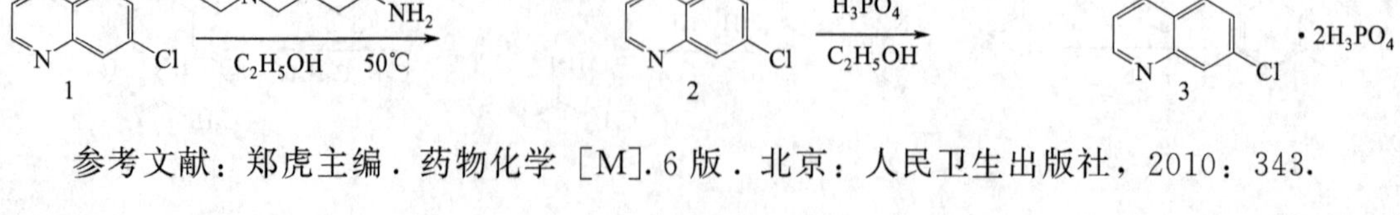

参考文献：郑虎主编．药物化学［M］．6 版．北京：人民卫生出版社，2010：343．

【机理分析】

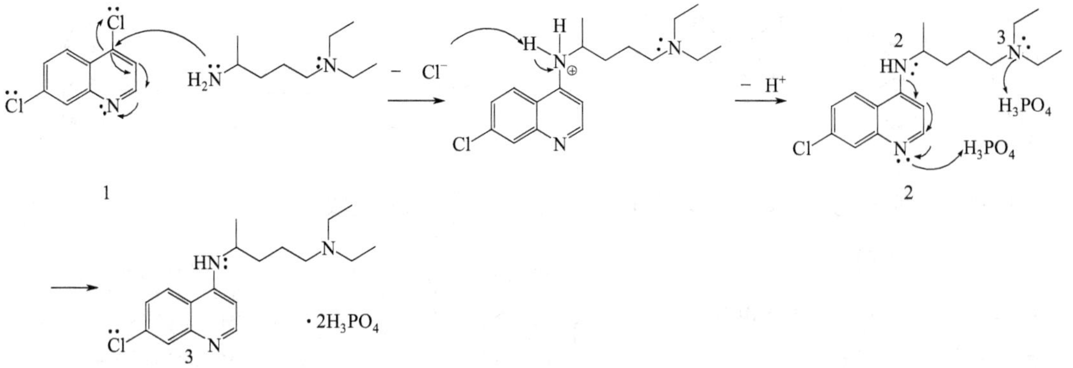

苯芴醇

合成路线：

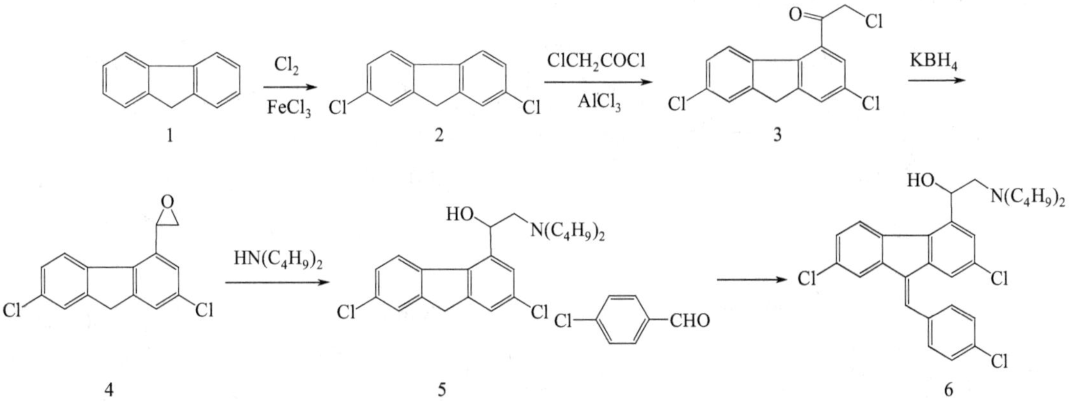

参考文献：周伟澄主编．高等药物化学选论 [M]．北京：化学工业出版社，2006：259．

【机理分析】

1→2：氯化中的取代反应。因苯环的共轭，为供电子基，导致另一苯环的邻、对位带有负电荷。Cl_2 和 $FeCl_3$ 络合，产生 Cl^+，受到苯环的负电荷进攻。

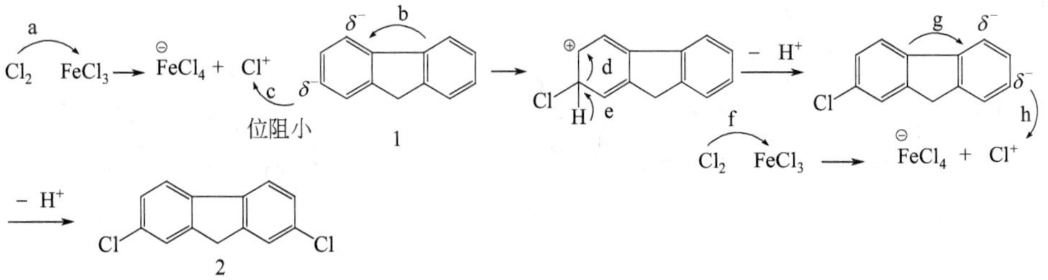

2→3：傅克酰化反应，苯环酰基取代。

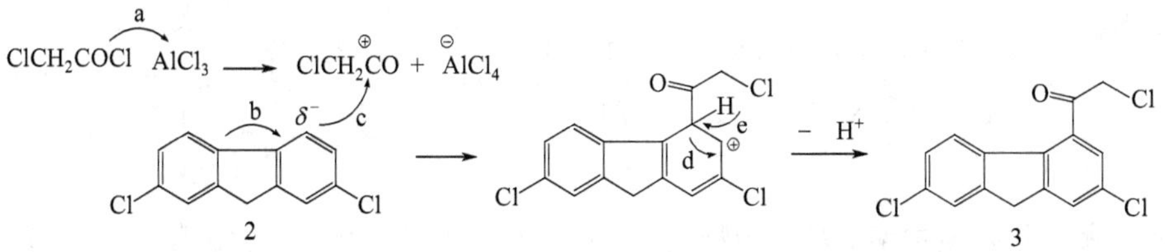

3→4：还原反应，消去反应。提供了由 α-氯代酮制备环氧环的一种方法。

4→5：N 的烃化反应，环氧环空间位阻较小，方向优先进攻。

5→6：C 的烃化反应，需要碱催化（B 表示碱，base）。芴结构比较容易失去 H，生成碳负离子，符合休克尔规则（环电子＝4n＋2），比较稳定。

磷酸咯萘啶

合成路线：

参考文献：周伟澄主编．高等药物化学选论［M］．北京：化学工业出版社，2006：256．

【机理分析】

1→2：N 的烃化反应。因 Cl 和 H 形成分子内氢键，增加了 2-Cl 的吸电子能力，导致 2-Cl 的正电性很强，优先反应；4-Cl 上孤对电子向苯环中共轭，增加了 4-Cl 的强度。

2→3：氯化反应、酰化反应、氯化反应。POCl₃（磷酰氯）中 P 的正电性很强。

3→4：N 烃化反应。吡啶环通过共轭效应影响（a）。

4→5：

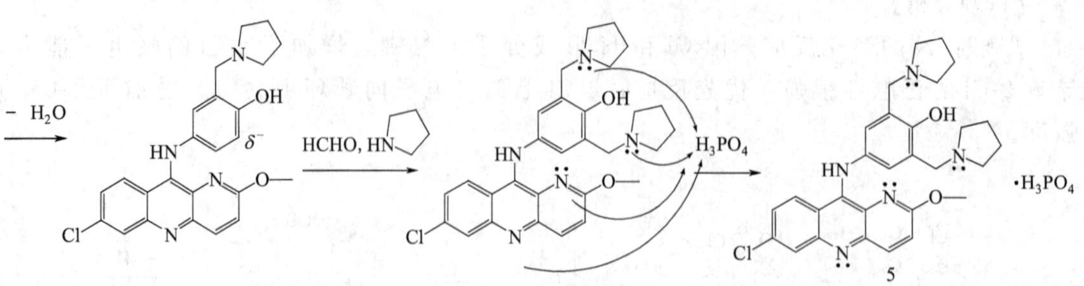

琥珀酸他非诺喹

合成路线：

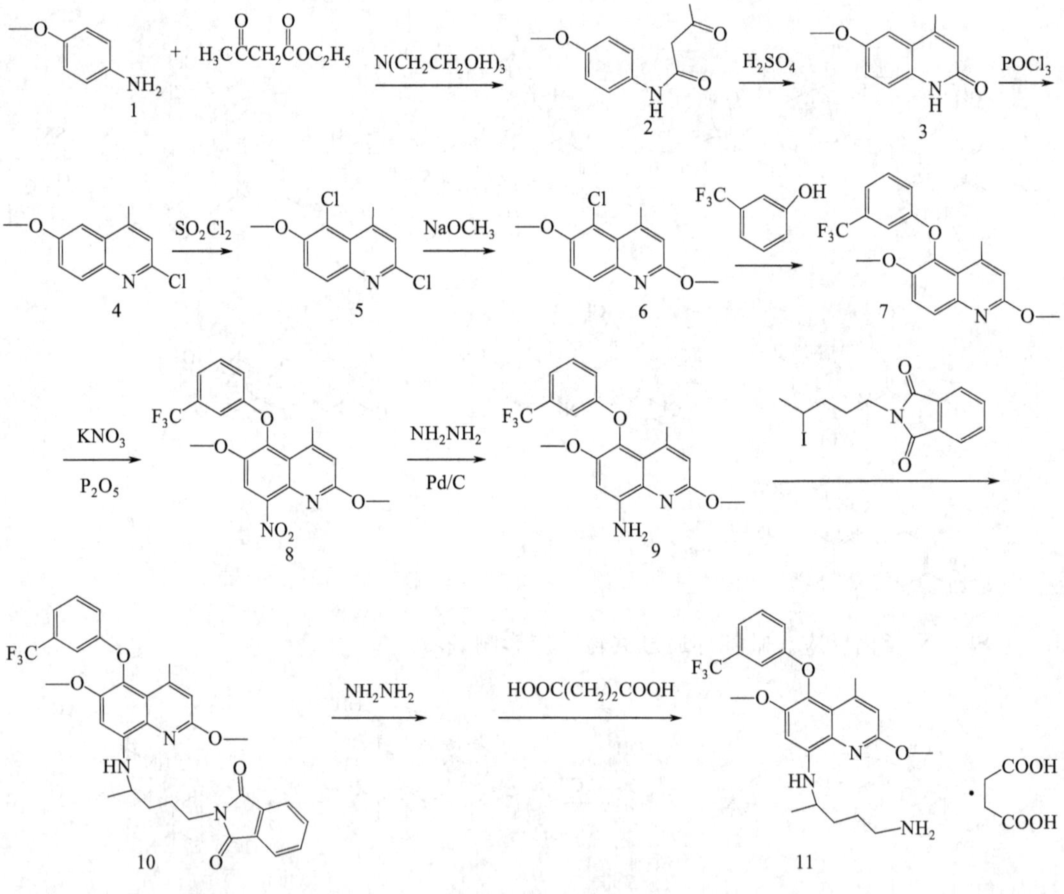

参考文献：周伟澄主编. 高等药物化学选论 [M]. 北京：化学工业出版社，2006：258.

【机理分析】

1→2：酯的胺解。

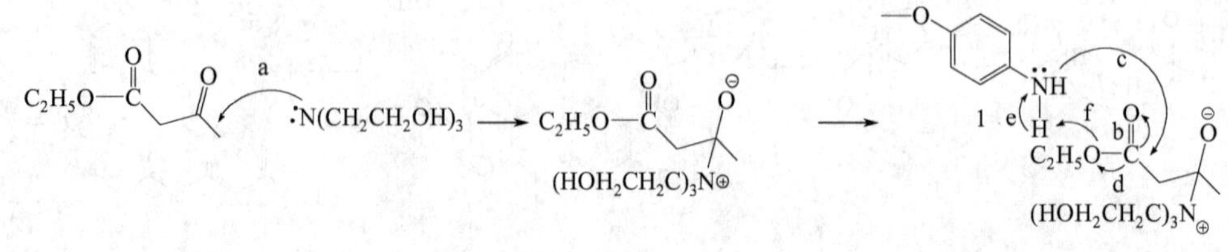

2→3：C 的烃化，脱水。羰基与质子结合，产生碳正离子；由于 N 上孤对电子向苯环共轭，导致 N 的邻位带负电荷，进而关环，脱水，即得。

3→4：酰胺的氯化。

4→5：氯化。机理可能有两种：其一，磺酰氯在加热的条件下，释放出 SO_2 和 Cl_2。其二，生成磺酰单氯负离子，进而脱去氯离子，生成 SO_2。δ_1 所带负电荷多于 δ_2，原因在于 δ_1 负电荷可以向缺电子的密度环转移，稳定程度更高，较 δ_2 优先反应。

5→7：6 的吡啶环上 N 的孤对电子和酚羟基中的 H 结合，生成氧负离子，提升了进攻能力。同时氮正离子吸电子能力增加，提升了 C—Cl 中 C 的正电性，有利于氧负离子进攻。

7→8：硝化反应。硝酸钾和五氧化二邻生成混合酸酐。因两对 O 的孤对电子发生 p-π 共轭，导致 δ_1、δ_2 所带负电荷多。但 δ_1 负电荷可以向缺电子的密度环转移，稳定程度更高，较 δ_2 优先反应。δ_3、δ_4、δ_5 所带负电荷少，因苯环上只连了一个 O，只有一对孤对电子，且 CF_3 为吸电子基，降低苯环电子云密度。

8→9：硝化还原。

9→10：N 的烃化反应。

10→11：酰胺的肼解。

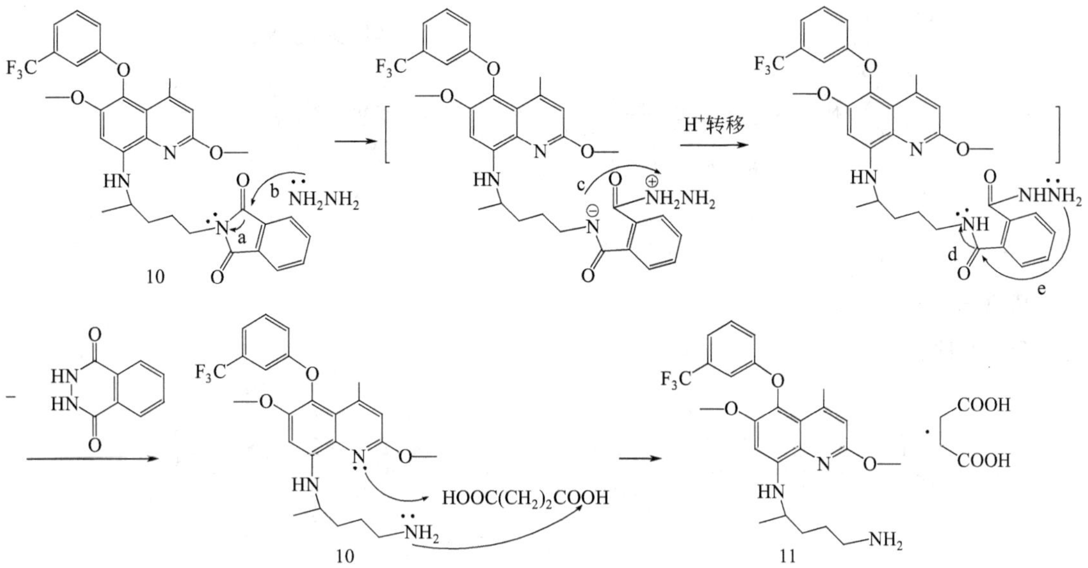

磷酸哌喹

合成路线：

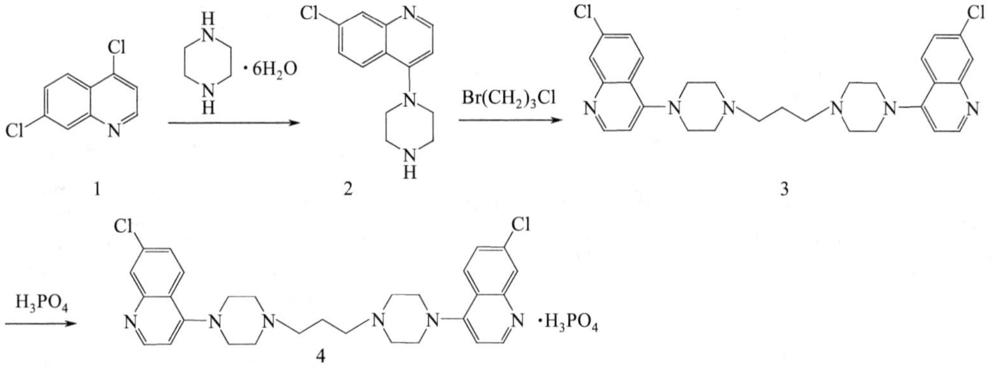

参考文献：周伟澄主编．高等药物化学选论［M］．北京：化学工业出版社，2006：256.

【机理分析】

1→3：N 烃化反应。吡啶环通过共轭效应影响 C（电子流向：d→c→b）。

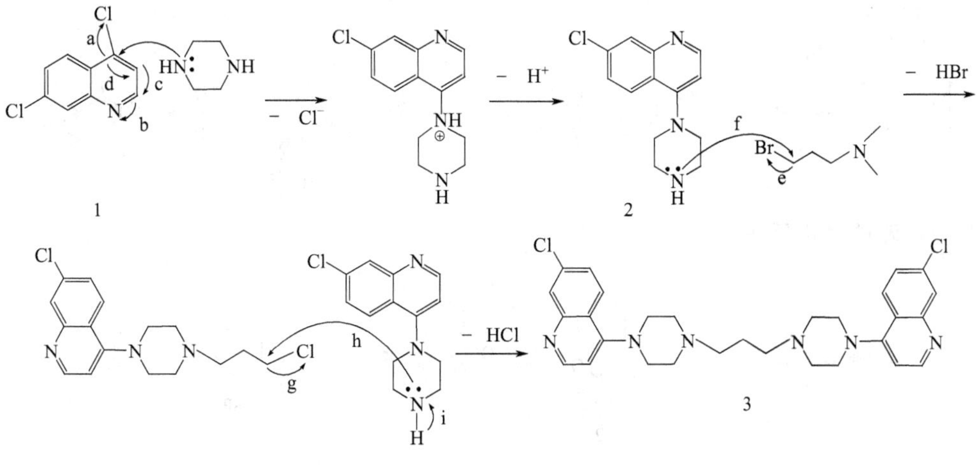

另存在：

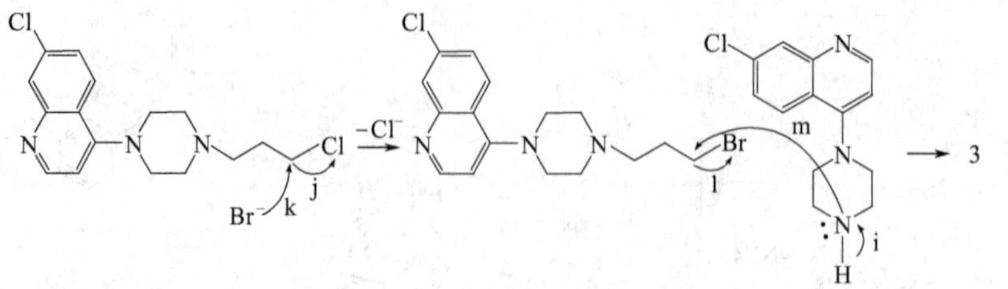

3→4：机理略。

青蒿素

合成路线：

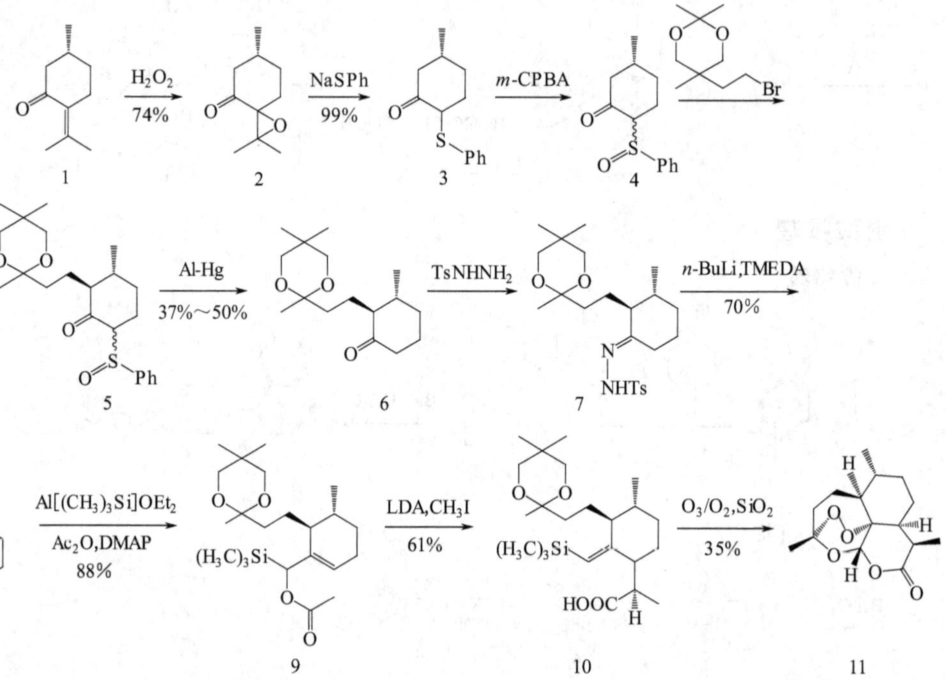

参考文献：周伟澄主编. 高等药物化学选论 ［M］. 北京：化学工业出版社，2006：262.

【机理分析】

1→2：双氧水氧化反应，强碱除酸。

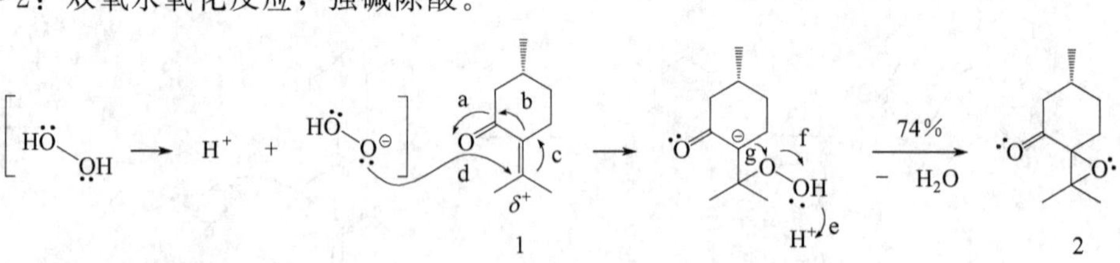

2→3：硫的烃化反应。

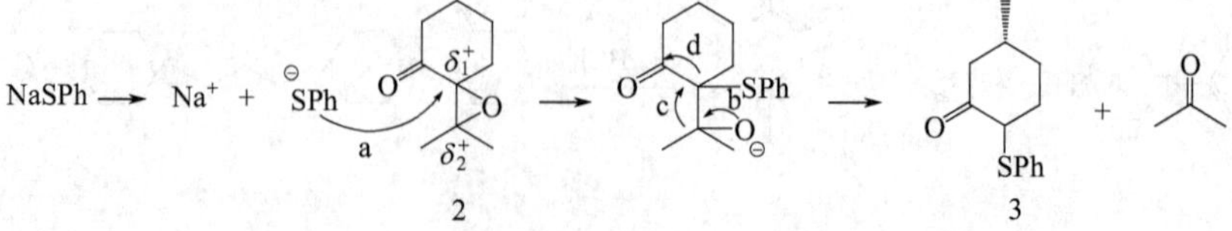

3→4 硫醚的氧化。

4→5：C 的烃化。

5→6：Al-Hg 还原，机理略。

6→7：肼的席夫碱反应。

7→8：Bamford-Stevens 反应。最后需要 DMF 猝灭，方可引入醛基。

8→9：O 的烃化。

9→10：O 的烃化。

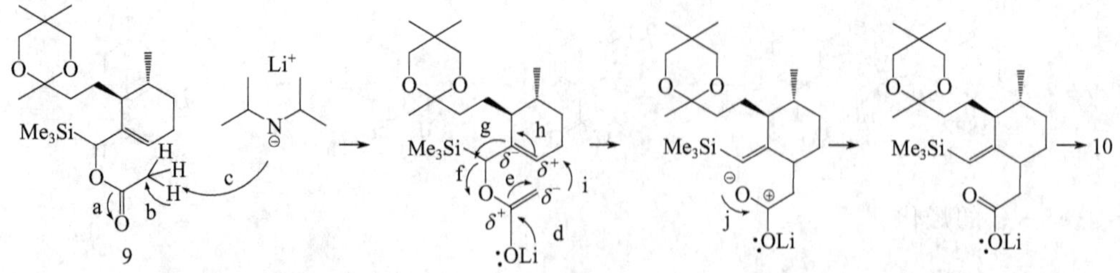

10→11：双键的环氧化，开环，H$^+$ 转移，三甲基硅烷转移，羧基负离子对醛基加成。

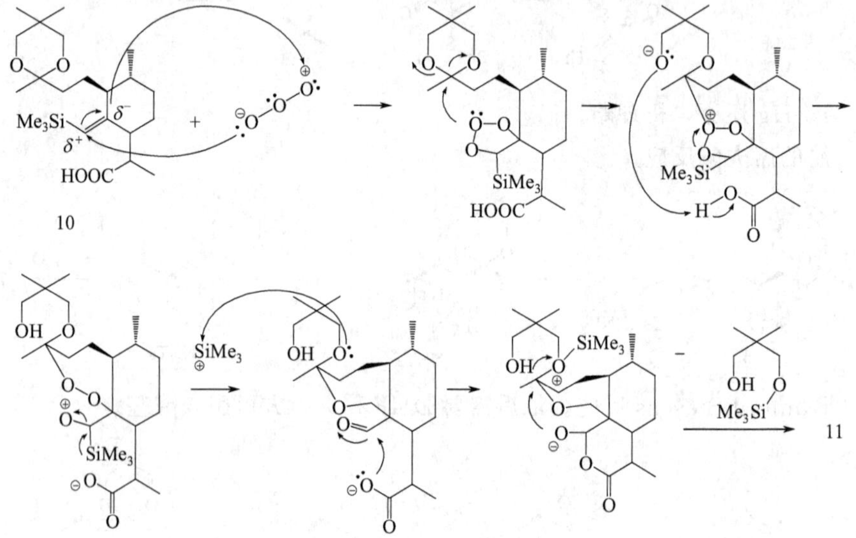

蒿乙醚

合成路线：

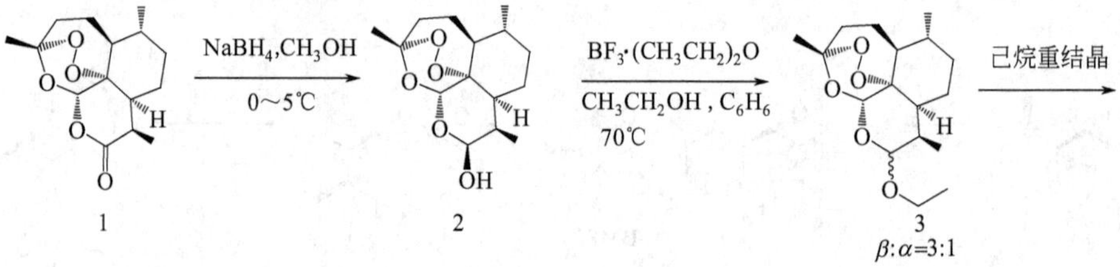

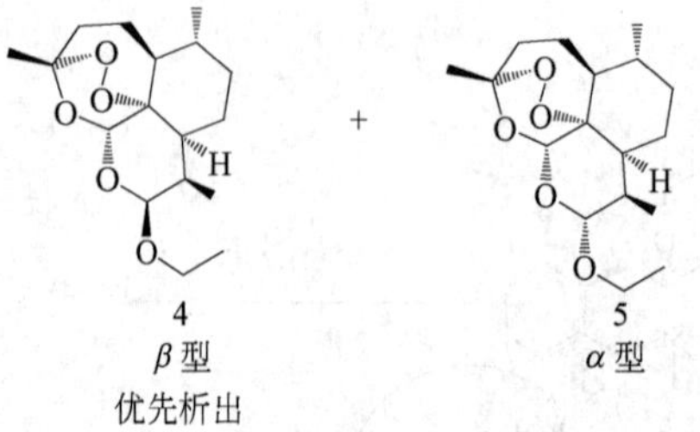

参考文献：陈仲强，陈虹主编．现代药物的制备与合成：第一卷［M］．北京：化学工业出版社，2011：324-325．

【机理分析】

1→2：还原，从空间位阻较小的部位进攻，故 β 构型产物居多。机理略。

2→3：O 的乙基化。BF$_3$·(CH$_3$CH$_2$)$_2$O 和乙醇反应，生成氧正离子。因氧正离子诱导效应，产生乙基氧正离子，二氢青蒿素（2）中 O 的孤对电子进攻乙基氧正离子（S$_N$2）反应，生成乙氧基二氢青蒿素氧正离子，然后再脱去 H$^+$，即得蒿乙醚。

3→5：拆分，机理略。

---- **第一节** ----
降 糖 药

甲苯磺丁脲

合成路线：

参考文献：郑虎主编．药物化学［M］．6 版．北京：人民卫生出版社，2010：347.

【机理分析】

1→4：1 与无水氯化氢作用，脱水生成氯代物 2，二者沸点相差较大，可以通过蒸馏分离。N 上孤对电子进攻 δ+C，生成丁胺，可与硫酸成盐，生成 4。需要特别指出的是氯丁烷需要缓缓加到氨水的乙醇溶液中，且氨水量加大。乙醇主要作为溶剂，溶解氯丁烷。

4→5：4 可以释放出 1 个质子与脲上羰基结合，增强了羰基碳上正电性。有利于丁胺进攻，然后脱氨，生成碳正离子，O 上孤对电子转移，生成氧正离子，脱去质子，即得。

格列本脲

合成路线：

参考文献：郑虎主编．药物化学［M］．6 版．北京：人民卫生出版社，2010：351.

【机理分析】

1→5：与 1 反应时，氯气既可进攻羟基的邻位，也可进攻羟基的对位，但邻位有空间位阻，优先进攻对位。反应时氯气的物质的量不能超过水杨酸的物质的量。氯气应该缓缓通入。酚羟基上 O 的孤对电子进攻碘甲烷中带正电荷的碳，然后失去质子，既而失去甲基，生成 3。硫酰氯很不稳定，羧基中 O 上孤对电子进攻氯化亚砜，然后脱去 Cl⁻，生成氧正离子。然后 O 失去质子，再进行 p-π 共轭，吸电子能力增加，Cl⁻ 从背面进攻羰基，产生酰氯。硫得氧，失去 Cl⁻，产生 SO₂ 放出。酰氯很活泼，胺中 N 上孤对电子进攻酰氯，产生氮正离子，失去质子，即得 5。

5→8：在 5 中，烷基 σ-π 共轭，使苯环的邻对位带负电荷，其中对位空间位阻最小，优先进攻氯磺酸，与氯磺酸进行加成，然后苯环脱质子，与氧负离子结合，脱水即得 6。氯磺酰基中，硫原子带很强的正电荷，氨气中 N 原子上的孤对电子进攻硫原子，脱氯，得 7。7 与异氰酸酯加成，经质子转移，得 8。

格列美脲

合成路线：

参考文献：周伟澄主编．高等药物化学选论［M］．北京：化学工业出版社，2006：486.

【机理分析】

1→2：1 中含有活性亚甲基，通过有机碱除掉质子，生成碳负离子。硫酸二乙酯中因 O 的孤对电子发生 p-π 共轭效应，降低了 O 的电子云密度，增加了 O 的吸电子能力。

2→3：亚硫酸氢钠提供质子。

3→4：氰基还原，然后在脱水剂醋酐的作用下脱水，酰化，胺解。

4→5：酰胺的水解，其中内酰胺稳定性较高。机理略。

5→6：

6→7：苯环氯磺化反应。

7→8：磺酰氯的氨解，机理略。

8→9：异氰酸酯重排，机理略。因磺酰胺中氮的孤对电子 p-π 共轭，N 的电子云密度低，需预先用碳酸钾作为除酸基，除掉磺胺上的质子，变成氮负离子，提高 N 的电子云密度，有利于其反应。

盐酸二甲双胍

合成路线：

参考文献：郑虎主编．药物化学［M］.6 版．北京：人民卫生出版社，2010：353.

【机理分析】

胍基具有很强的碱性，夺取盐酸二甲胺中的氯化氢（a），释放出二甲胺。二甲胺上 N 孤对电向氰基转移（c），氰基上的 N 电子云密度增加，再与二甲胺中质子（e）结合，即得。

那格列奈

合成路线：

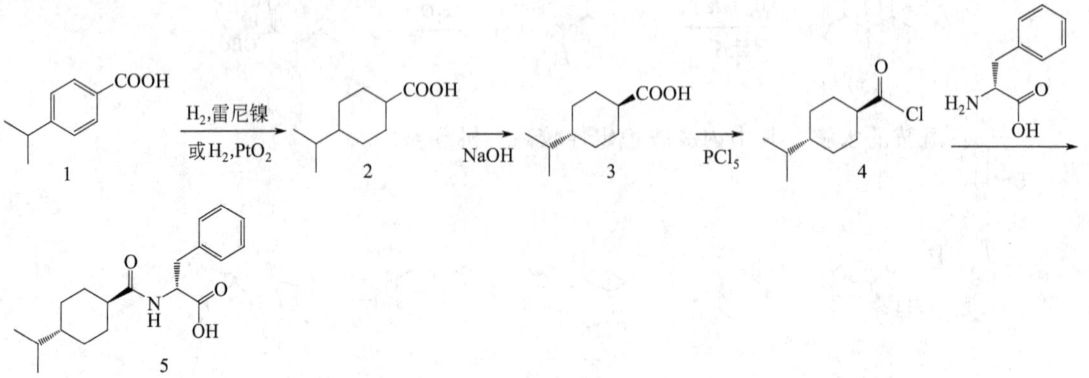

参考文献：郑虎主编．药物化学 ［M］．6 版．北京：人民卫生出版社，2010：353．

【机理分析】

1→2：还原反应，机理略。

2→3：羧基在 NaOH 中转变负离子，通过极性互斥，转变反式构型，经酸中和，即得 3。

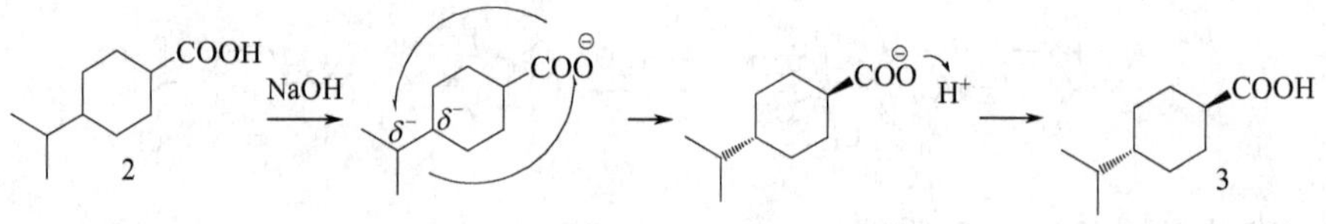

电荷极性互斥

3→5：五氯化磷对羧基氯化，生成酰氯，胺基上 N 的孤对电子进攻正电性很强的酰氯，然后脱去质子，即得。

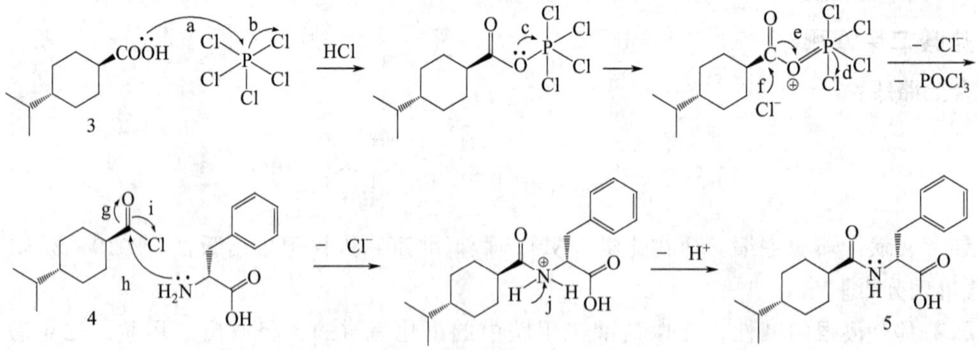

瑞格列奈

合成路线：

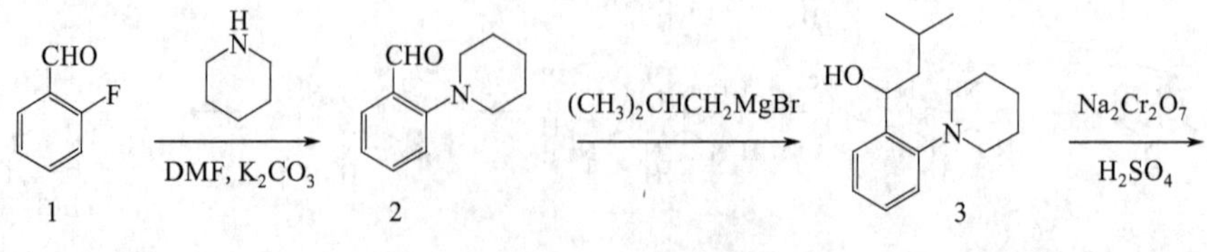

参考文献：周伟澄主编．高等药物化学选论［M］．北京：化学工业出版社，2006：487．

【机理分析】

1→2：碳酸钾为除酸剂。

2→3：格氏试剂加成反应，机理略。

3→4：氧化反应，机理略。

4→5：席夫碱反应。$TiCl_4$ 主要起到吸收水分，生成 TiO_2，防止亚胺水解的作用。机理略。

5→6：亚胺还原反应，机理略。

6→7：脱苄基还原反应，机理略。

7→8：三苯化磷起到活化羧酸作用，三乙胺起到除酸剂作用，夺取羧基上质子，三苯化磷与羧基负离子反应，由于 P 具有 3d 空轨道，O 上的孤对电子向 P 上转移，增强了 C＝O 中正电性，有利于胺解，并脱去质子，即得。

8→9：酯键水解，机理略。

马来酸罗格列酮

合成路线：

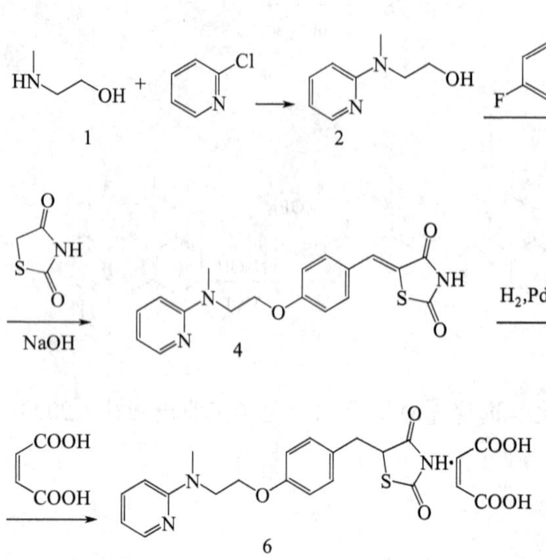

【机理分析】

1→3：在1中，N 的电负性比 O 小，故 N 的孤对电子比 O 的孤对电子更裸露在外边，更活泼，进攻正电性很强的氯亚胺，并脱去氯化氢，生成 2。分子 2 中，N 虽有孤对电子，但空间位阻大，难进攻；而 O 的孤对电子空间位阻很小，优先进攻。F 的电负性很大，使碳带正电荷，而且在 F 的对位连有醛基，通过 π-π 共轭效应，进一步增加的碳的正电性，有利于 O 上的孤对电子进攻，并脱去一分子 HF，即得 3。

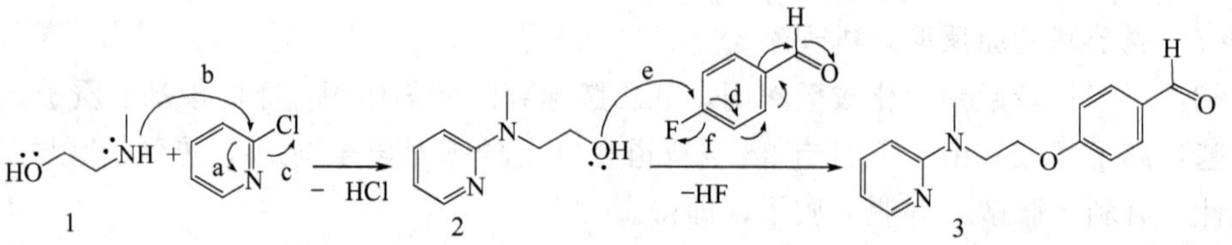

3→4：NaOH 释放出 OH^-。因 N 上孤对电子和羰基发生 p-π 共轭，导致 N 的吸电子能力增加，释放出 H^+，与 OH^- 结合，生成氮负离子。同理，活性亚甲基受两个吸电子作用，也会释放出 H^+，H^+ 与氮负离子结合，生成碳负离子。碳负离子进攻醛基（Aldol 缩合反应），生成氧负离子，与水分子作用，生成 OH^-，然后脱水，即得。

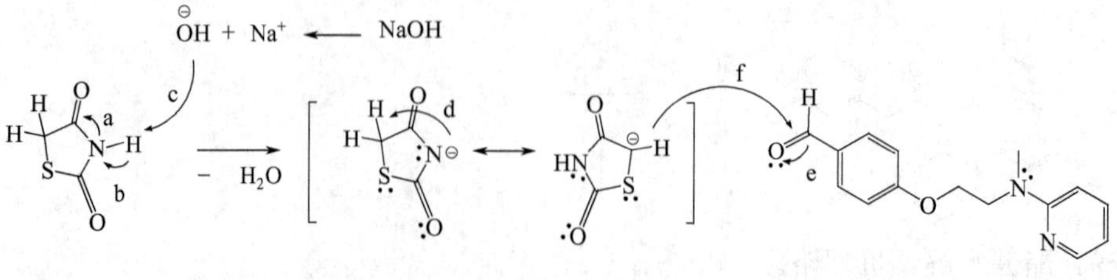

参考文献：郑虎主编 . 药物化学［M］. 6 版 . 北京：人民卫生出版社，2010：356.

194

4→5：为还原反应，机理略。

5→6：为成盐反应，机理略。

吡格列酮

合成路线：

参考文献：周伟澄主编. 高等药物化学选论［M］. 北京：化学工业出版社，2006：491.

【机理分析】

1→2：因硝基诱导和共轭效应（a），显著降低邻对位电荷，加之 F 的诱导效应（a），容易受到 O 的孤对电子进攻（b），脱去 F⁻，之后氧正离子，脱去质子（c）。

2→3：催化还原，机理略。

3→4：可能有两种，自由基与正负电荷反应。

正负电荷反应：

自由基反应：重氮盐通过自由基放出氮气。自由基为缺电子基团，因此负电荷多的优先和自由基反应，由于溴的空间位阻小于苯环，自由基空间位阻小，优先进行反应。

4→5：因 N 上孤对电子向硫上转移（p-π 共轭），增加硫上电子云密度，进攻溴代烷（b）；O 上孤对电子进攻碳正离子（c），氧正离子脱去质子（d），质子与 N 上的孤对电子结合（e），有利于其离去（f），同时另一 N 上孤对电子向碳上转移电子（g）生成亚胺。由于加入的盐酸含有水分，水对亚胺进行水解，得酮。

米格列醇

合成路线：

参考文献：周伟澄主编．高等药物化学选论［M］．北京：化学工业出版社，2006：493.

【机理分析】

1→3：席夫碱反应，氨基上 N 的孤对电子进攻羰基，关环，然后脱水，并被雷尼镍还原。

第二节

利　尿　药

呋塞米

合成路线：

参考文献：郑虎主编．药物化学［M］.6 版．北京：人民卫生出版社，2010：361.

【机理分析】

1→2：在 1 中，因氯上 3p 孤对电子向苯环 π 键发生 3p-2π 共轭，导致氯的邻对位带负电荷。由于 5 位空间位阻小，优先进攻氯磺酸，并脱水，生成 2。

2→3：氯磺酰中，硫原子带有很强的正电荷，N 上孤对电子进攻硫原子，并脱氯，生成 3。

3→4：由于羧基诱导大于磺酰氨基，且诱导效应对邻位效应大于对位，故苯环羧基邻位上碳正电性强于磺酰胺邻位，故呋喃甲胺上 N 中孤对电子优先进攻羧基邻位上的碳。

氢氯噻嗪

合成路线：

参考文献：郑虎主编．药物化学［M］．6 版．北京：人民卫生出版社，2010：361.

【机理分析】

1→2：在 1 中，苯胺上 N 的孤对电子向苯环共轭，丰富了苯环的邻对位电子云密度，使邻对位碳原子优先进攻氯磺酸中硫原子，生成 2。

2→3：氯磺酰中，硫原子带有很强的正电荷，N 上孤对电子进攻硫原子，并脱氯，生成 3。机理略。

3→4：甲醛在酸作用下产生碳正离子，N 上孤对电子进攻碳正离子，生成 N 正离子，脱去质子。然后 OH 在酸的催化下，脱水，生成碳正离子，另一 N 上孤对电子进攻碳正离子，并脱取质子，即得。

乙酰唑胺

合成路线：

参考文献：郑虎主编．药物化学［M］．6 版．北京：人民卫生出版社，2010：363.

【机理分析】

1→2：N 上的孤对电子进攻硫氰酸的互变异构体中带正电性很强的碳，分子内质子转移。第二分子的硫氰酸负离子夺取铵上 H，生成硫氰酸的互变异构体。然后 N 上的孤对电子再进攻正电性的碳，经分子内质子转移，生成 2。

2→3：次磷酸钙 $Ca(H_2PO_2)_2$ 为强还原剂，可能保护产物中的巯基。

3→4：分子中硫原子上的孤对电子向噻二唑共轭，降低了硫原子上的电子云密度，主要是氨基上 N 的孤对电子进攻酸酐中乙酰基，即得 4。

4→5：巯基的氯氧化。巯基上的孤对电子与氯正离子结合，然后脱去质子，氯正离子继续和硫上的孤对电子结合，生成硫正离子，水分子进攻并脱去质子，脱去 1 个氯原子，再经脱质子生成亚硫酰氯。亚硫酰氯被水解，生成亚硫酸。氯正离子进攻亚硫酸中硫的孤对电子，生成硫正离子，O 的孤对电子转移至硫正离子并脱去质子，即得 5。

5→6：磺酰氯中硫具有很强的正电性，N 上的孤对电子进攻硫原子，并脱去氯原子，即得。机理略。

螺内酯

合成路线：

参考文献：郑虎主编．药物化学［M］．6 版．北京：人民卫生出版社，2010：366.

【机理分析】

1→2：是以 17-乙炔基雄烯-3β,17β 二醇为原料，经格氏反应引入羧基，机理略。

2→3：氢气还原炔至烯，然后酸催化关环脱水。再被催化还原，分两步走。通过酯化，增强了羧基碳的诱导效应，增加了双键的正电性，优先被还原。未关环时，羧基正电性不强，对双键的诱导弱，还原无明显的选择性，致使 5,6-双键亦可能被还原。特别指出的是炔基是直线型分子，即使加酸，也难形成五元环或六元环（苯炔是个例外）。

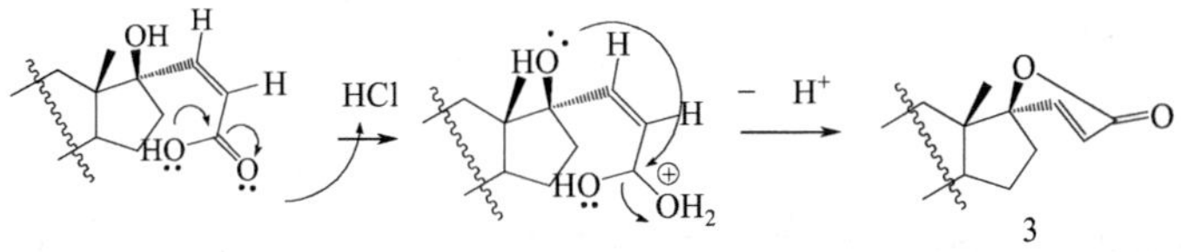

3→4：还原，机理略。

4→5：

（1）沃氏氧化。异丙醇铝和甾醇发生交换，通过蒸馏除去异丙醇。环己酮与甾醇铝发生络合，产生碳正离子，氢原子通过五元环转移至碳正离子，产生甾醇碳正离子；活性亚甲基脱质子，然后质子加到 5,6-双烯上，又产生碳正离子，引起 O 的孤对电子转移，脱铝，即得。

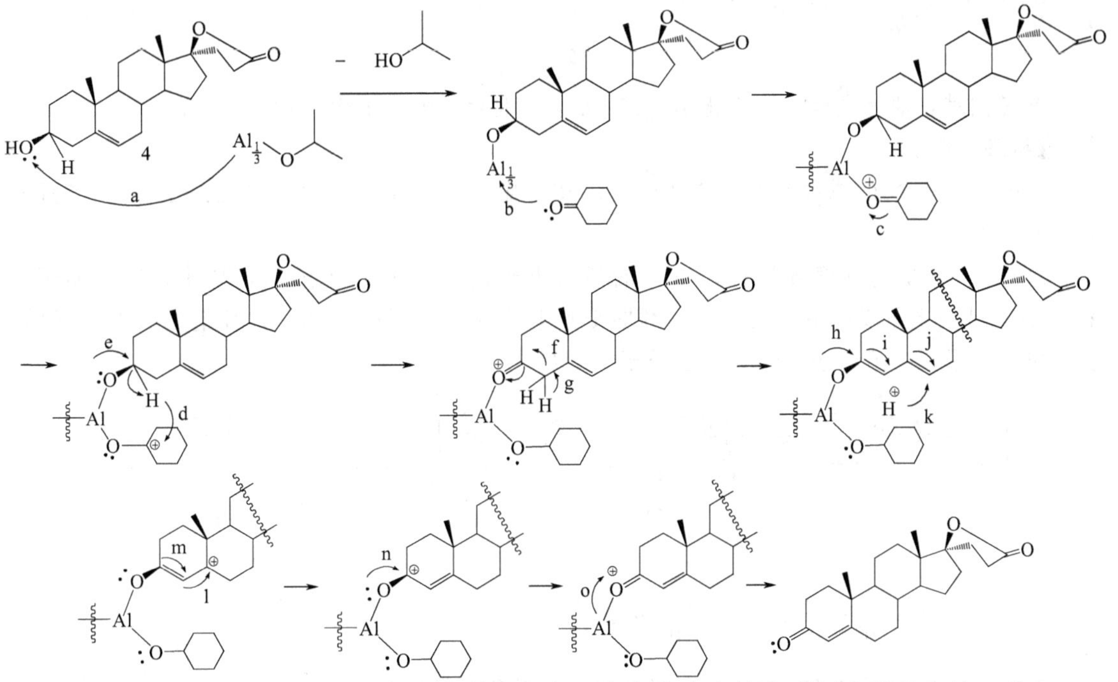

（2）DDQ 反应机理。通过自由基脱氢反应，自由基稳定性和碳正离子稳定性一致。

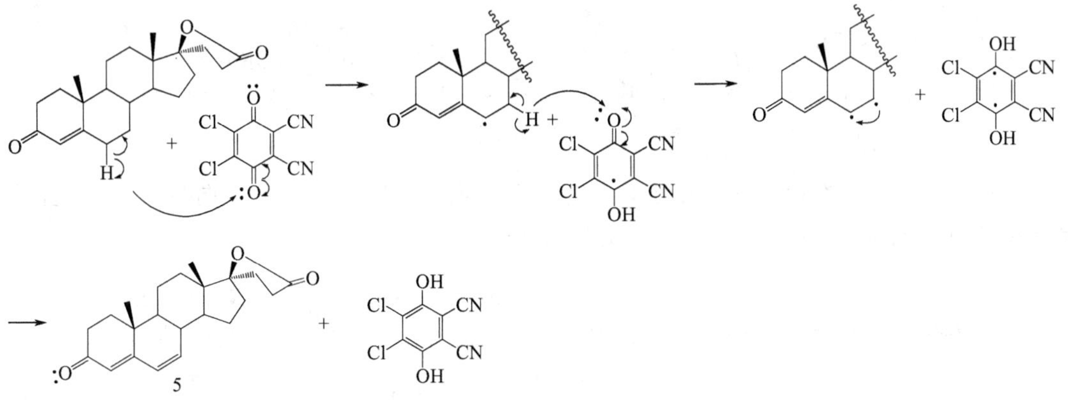

5→6：硫原子半径大，孤对电子为 3p 轨道，向 2π 轨道共轭，能级相差大，共轭效果差，故硫原子电子云密度降低很少，故而硫原子上的孤对电子进攻与羰基共轭的末端烯，质子经分子内转移，即得。机理略。

氨苯蝶啶

合成路线：

参考文献：郑虎主编. 药物化学［M］.6 版. 北京：人民卫生出版社，2010：367.

【机理分析】

1→2：铵中 N 的孤对电子进攻酯健中的羰基碳，进行酯的氨解，并脱去乙氧基，得酰胺。机理略。

2→3：2 转变为互变异构体，O 上的孤对电子进攻 POCl₃ 生成氧正离子；脱去质子，然后 O 的孤对电子发生 p-π 共轭，继续向 P 转移电子，生成碳正离子；N 上的孤对电子转移至碳正离子，生成氮正离子，脱去质子，即得 3。

3→4：胍基对丙二腈进行加成，最后经质子转移，即得。

4→5：亚硝酸钠在盐酸的作用下，产生氮酰正离子，N 的孤对电子向嘧啶环共轭，导致碳带部分负电荷，进攻氮酰正离子，并脱去质子，得 5。

5→6：苯乙腈在碱的作用下，生成碳负离子，进攻亚硝基，经脱水，生成亚胺。增加了 C≡N 中 C 的正电性，有利于伯氨基中 N 上孤对电子进攻，经质子多次转移，即得。

6

第一节

雌 激 素

雌二醇

合成路线：

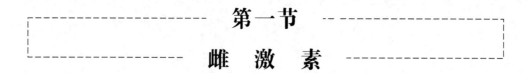

参考文献：郑虎主编．药物化学［M］.6 版．北京：人民卫生出版社，2010：383.

【机理分析】

1→2：乙炔和格式试剂作用，生成乙炔格式试剂，然后碳负离子进攻羰基，在水的作用下生成炔醇，然后催化还原得 2。

$$HC \equiv CH + CH_3CH_2MgBr \longrightarrow HC \equiv \overset{\ominus}{C}\overset{\oplus}{M}gBr + C_2H_6$$

2→3：2 在酸的催化下，生成互变异构体，产生末端碳正离子。2-甲基-1,3-环戊二酮在硫酸的催化下，转化为烯醇型，其中碳带部分负电荷，进攻末端碳正离子（末端碳正离子空间位阻最小）。

3→4：在酸的催化下，双键移位。羰基在酸的催化下，产生碳正离子。烯进攻碳正离子，生成碳正离子，脱去质子，转变成烯。生成的 OH 在酸的催化下，脱水，生成碳正离子，再脱去质子，即得二烯。后者经过催化还原，再经脱甲基，即得 4。

4→5：4 经过 KBH₄ 还原，即得 5。

己烯雌酚

合成路线：

参考文献：

［1］ 郑虎主编．药物化学［M］．6 版．北京：人民卫生出版社，2010：386.

［2］ 董纪昌，陈斌，董颖，等．己烯雌酚的合成［J］．中国药物化学杂志，1993，3（2）：111-112.

【机理分析】

对甲氧基苯甲醛为原料，经安息香缩合、锌粉还原，乙基化的得 2。2 与格氏试剂反应，经酸脱水，脱甲基，得本品。

第二节

孕　激　素

左炔诺孕酮

合成路线：

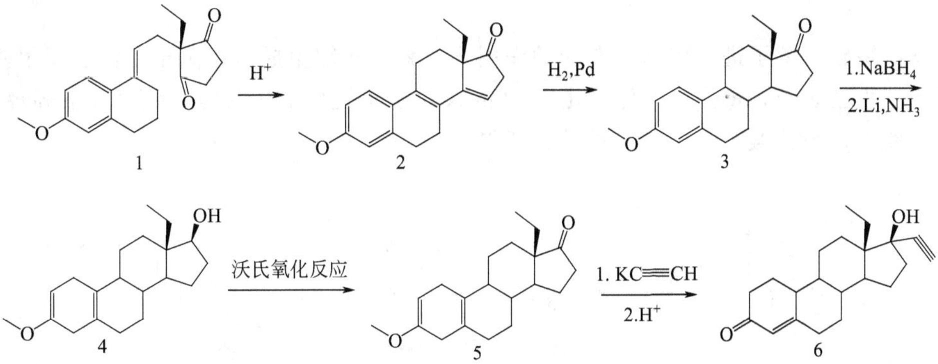

参考文献：郑虎主编．药物化学［M］.6 版．北京：人民卫生出版社，2010：398.

【机理分析】

1→3：参见雌二醇 3→4。

3→4：Brich 反应（自由基还原）。

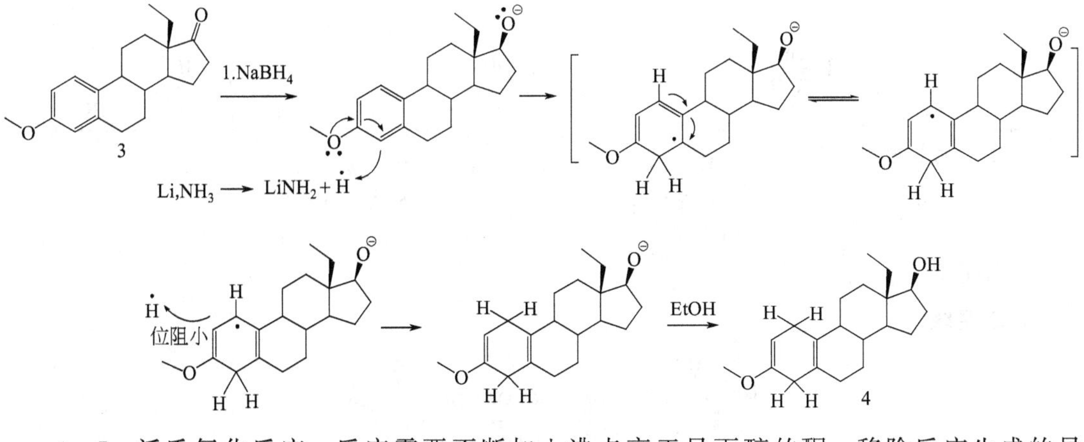

4→5：沃氏氧化反应。反应需要不断加入沸点高于异丙醇的酮，移除反应生成的异丙醇。

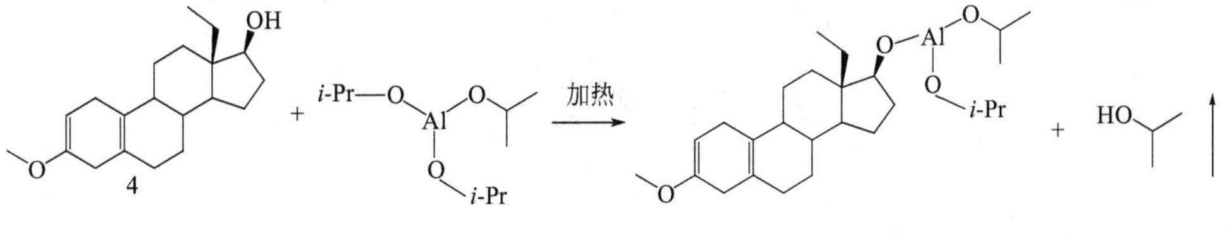

5→6：炔碳负离子进攻羰基。在酸的作用下，烯醚水解生成氧正离子，活性亚甲基在酸的作用下，脱去质子，重排成烯醇。由于 O 的孤对电子发生 p-π 共轭，酸对末端烯烃加成，生成碳正离子，经共振，脱质子，重排，即得。

米非司酮

合成路线：

参考文献：

[1]　郑虎主编．药物化学［M］.6 版．北京：人民卫生出版社，2010：400-402.

[2]　陈芬儿．有机药物合成法［M］.北京：中国医药科技出版社，1999：418-427.

【机理分析】

1 的生成：溴加成，消除 H。

2→3：溴自由基反应。

4→5：羟胺的席夫碱反应，机理略。

5→6：贝克曼重排。H⁺与吡啶结合。生成氯酰亚胺，然后水解，即得。

6→7：水解。

7→8：水解。Cl⁻ 从位阻较小的背面进攻双键，因为位阻的关系，优先形成氯桥，然后水分子中 O 的孤对电子从氯桥背面，且位阻较小方向进攻，氯桥开环，即得。

注意：在用甾体皂苷改造糖皮质激素的半合成路线中，因为甾环中的位阻，甾体双键和次氯酸加成，通常形成桥环，然后通过水分子打开桥环，故表现出了反马式加成的现象。

8→9：自由基反应关环。

HI + CaCO₃ ⟶ H₂O + CaI₂ + CO₂

CaI₂ + Pd(OAc)₄ ⟶ I₂ + Pd(OAc)₂ + Ca(OAc)₂

9→10：酯键水解，机理略。

10→11：氧化。铬为六价，最后转变稳态的 3 价铬，仲醇只能给出 2 个电子，铬只能变成 4 价，4 价的铬特别不稳定，4 价铬遇到 6 价铬，迅速生成 5 价铬，5 价铬同样不稳定，同样能参与氧化。故氧化态的铬包括 6 价铬、5 价铬、4 价铬，在氧化过程均参与。每一种反应都写出较为复杂，仅给出 6 价铬氧化仲醇变成 4 价铬的反应式，有兴趣的读者，可以自己写出 5 价铬、4 价铬对仲醇氧化过程及机理。注意，铬有剧毒，对植物、动物均具有较大的危害性，故铬的废液不能随便处理。

11→12：消除。

12→13：还原，开环，自由基还原。还原路径不止一个，机理比较复杂，相互反应通路可能存在相互竞争。

13→14：铬酸氧化，机理略。

14→15：吡啶作为碱，夺取羧基上的 H^+，有利于脱羧基。分子负电荷经重排，生成更为稳定的碳负离子，再从吡啶夺取质子，即得。

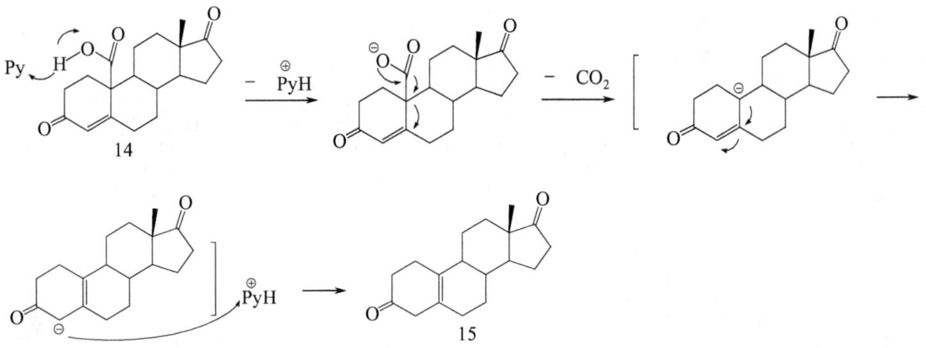

负电荷更为分散,较为稳定

15→16：消除。

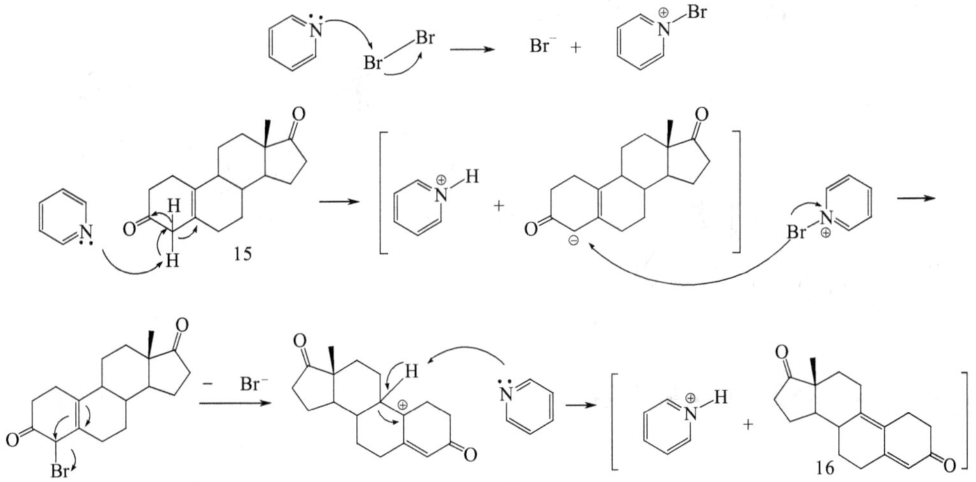

16→17：α-羟氰的置换

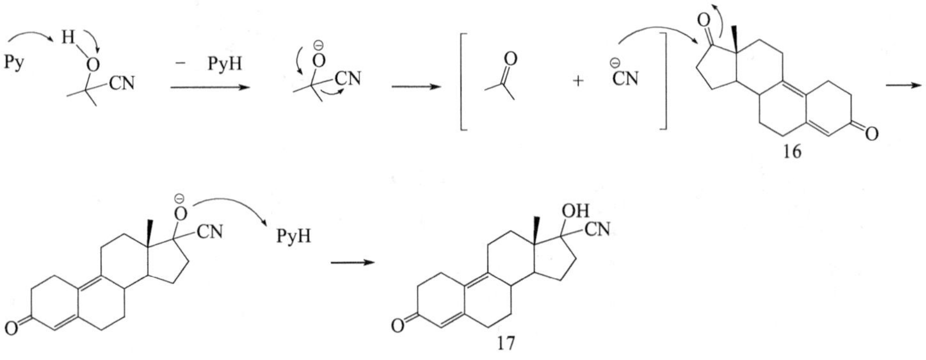

17→18：缩酮，机理略。

18→19：水解，脱氰基，机理略。

19→20：环氧化。双环共用的烯，烯键导致环张力过大，优先氧化，双键变单键，双环张力降低。有多个共轭双键时，优先氧化位阻较小，电子云密度高的双键。

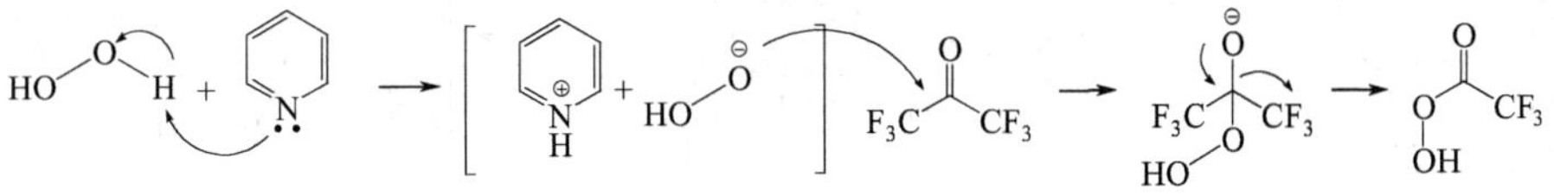

20→21：碳的烃化，炔基负离子对羰基加成。

21→22：N 的烃化，负碳离子重排开环。

22→23：缩酮水解，然后羟基脱水，即得。

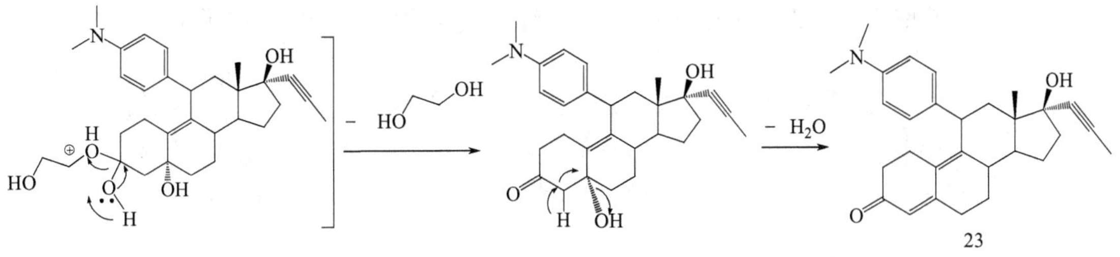

23

第三节
糖皮质激素

地塞米松

合成路线：

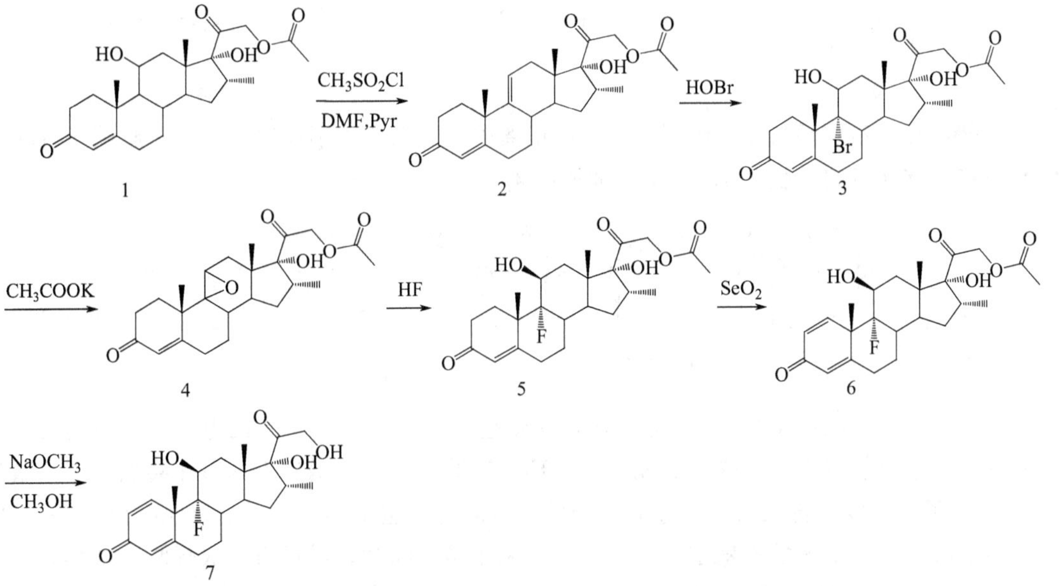

参考文献：郑虎主编．药物化学［M］．6 版．北京：人民卫生出版社，2010：407-410．

【机理分析】

1→2：17-OH 位阻大，11-OH 上孤对电子优先进攻磺酰氯，并脱去质子（与吡啶结合），O 上的孤对电子发生 p-π 共轭，使 O 的吸电子能力大大增加，增加了 α-碳上 H 的酸性，在吡啶作用下，容易脱去，即得 2。

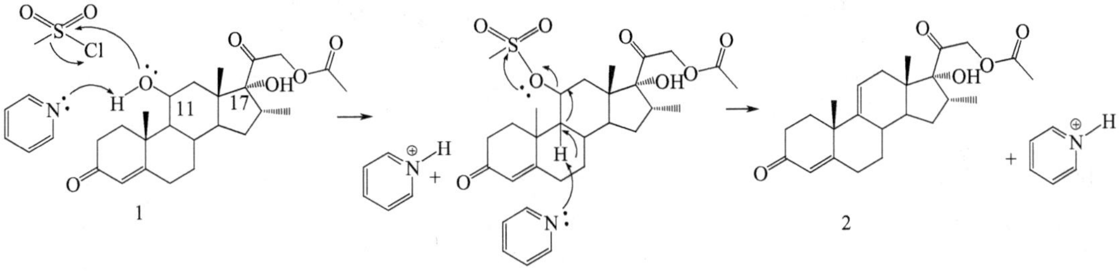

2→3：次溴酸中，溴正离子进攻烯，产生碳正离子，然后和 OH 负离子结合。

3→4：溴受到钾离子极化，生成碳正离子，然后 O 的孤对电子进攻碳正离子，失去质子，即得。

4→5：环氧乙烷环与 H^+ 作用，生成氧正离子；氧正离子不稳定，开环。叔碳正离子稳定性越高，存在时间越长，和 F^- 结合的概率越大。

5→6：二氧化硒极化共振，π-π 共轭，使羰基中 O 原子具有丰富的电子，与极化的二氧化硒反应，生成氧正离子，通过五元环从甾环上夺取质子。亚硒酸上的 p-π 共轭效应，增加了 O 的电子云密度，再从甾环上夺取一个质子，同时，生成硒正离子，从 O 上夺取一个电子，生成次硒酸。次硒酸不稳定，脱水，生成氧化硒。同时，甾环重排成烯酮，即得。

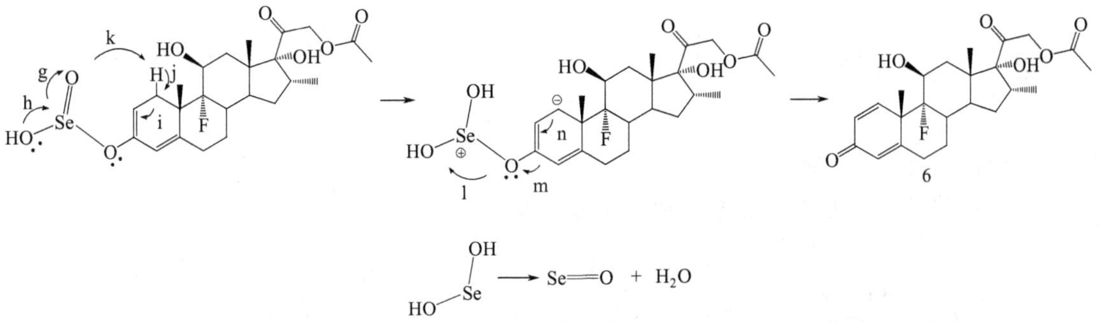

6→7：烷氧基负离子进攻酯健，脱去叔醇负离子，生成小分子酯健，位阻降低，更稳定。机理略。

第四节

磷酸二酯酶抑制剂

西地那非

合成路线：

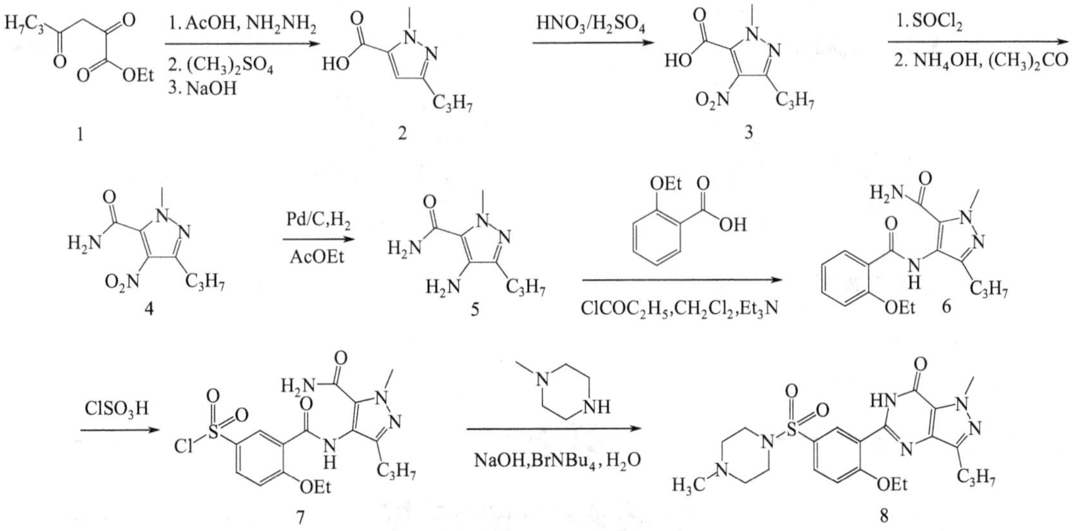

参考文献：陈仲强，陈虹主编．现代药物的制备与合成：第一卷［M］．北京：化学工业出版社，2011：548-549.

【机理分析】

1→2：

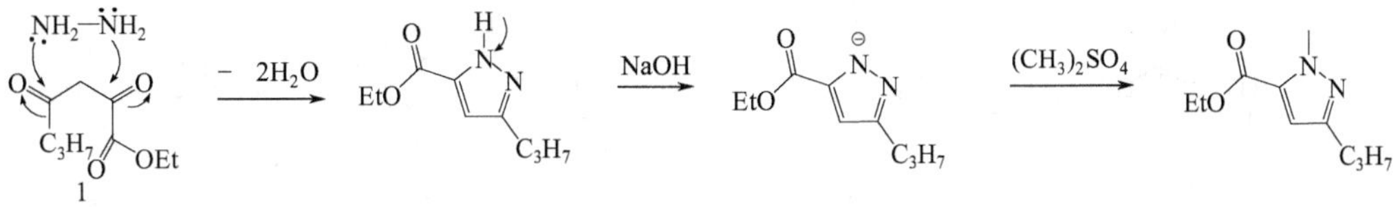

$$\xrightarrow{\text{NaOH}}$$

2→3：硝化，机理略。

3→4：羧酸的氯化（机理略）；酰氯的胺置换。

4→5：硝基的还原。H·自由基还原，机理略。

5→6：N 的酰化。氯甲酸乙酯（酰氯）先和邻乙氧基苯甲酸形成酸酐，增加了羰基碳的正电性，其中三乙胺作为除酸剂使用。

6→7：苯环的氯磺酰环。

7→8：酰氯的胺解，见于 3→4。

第五节

骨质疏松治疗药

雷洛昔芬

合成路线：

参考文献：周伟澄主编．高等药物化学选论［M］．北京：化学工业出版社，2006：500.

【机理分析】

1→2：硫的烃化反应。硫的孤对电子进攻 α-溴代烃。

2→3：分子内傅克化反应，多聚磷酸提供质子，并起到脱水剂作用。多聚磷酸反应条件较为温和，产率较高。

3→4：傅克化反应，由于 OCH_3 向苯环供电子，导致苯环的 OCH_3 对位电子云较为丰富，使得噻吩电子云密度增加，傅克反应容易进行；最后在三氯化铝和乙硫醇的作用下脱去甲基，甲氧醚空间位阻较小，优先脱去。

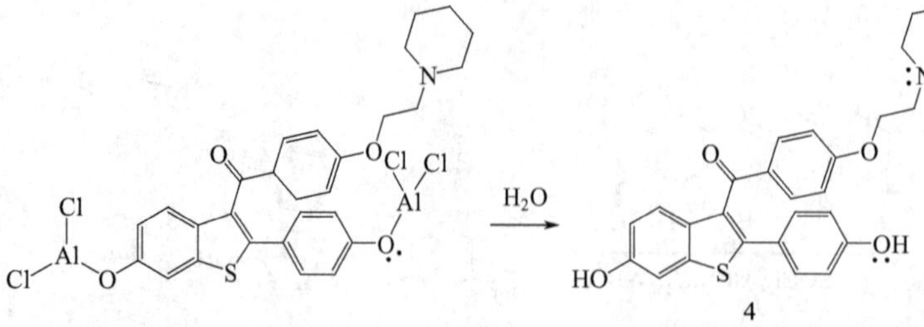

4

酒石酸拉索昔芬

合成路线：

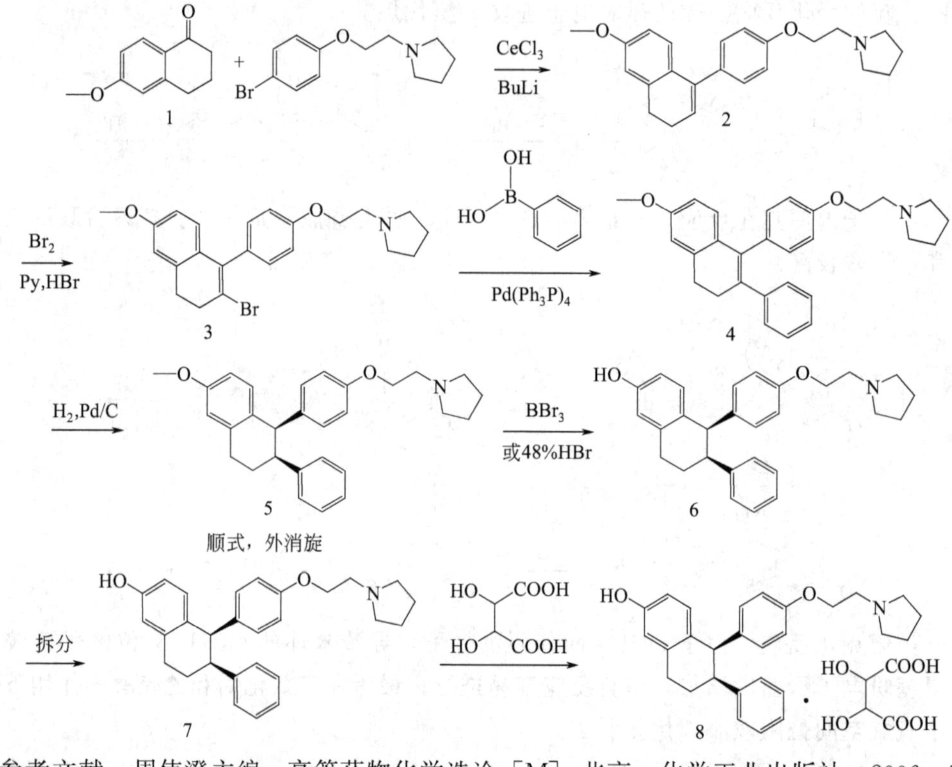

顺式，外消旋

参考文献：周伟澄主编．高等药物化学选论［M］．北京：化学工业出版社，2006：501.

【机理分析】

1→2：由于分子中相连的部位均带正电荷，正正相排斥，而给出的反应条件中，两个反应式中，均难以由正转负，故难以发生反应；自由基反应难度也较高。

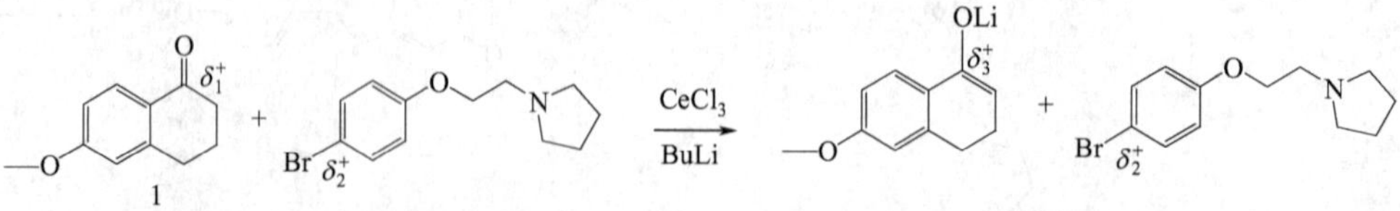

推测反应条件可能有误，正确的反应方法可能通过格氏试剂反应：

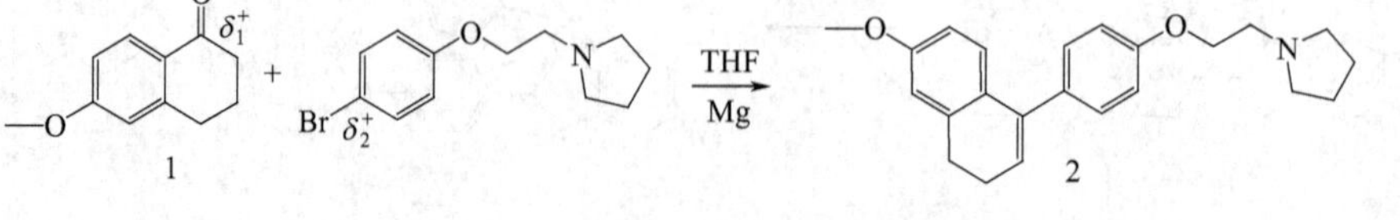

2→3：吡啶起到除酸剂作用，其中 HBr 似乎在反应中不必需。

3→4：四三苯基膦钯为催化剂，催化效果良好。反应通常在无水、无氧的条件下进行，否则四三苯基膦钯容易变成黑色钯金而析出，失去催化能力。

4→5：平面催化还原，机理略。

5→6：HBr 作用下的脱甲基机理略。BBr_3 作用下的脱甲基，机理如下：

6→8：机理略。

米诺膦酸

合成路线：

参考文献：周伟澄主编．高等药物化学选论［M］．北京：化学工业出版社，2006：513．

【机理分析】

1→2：反应机理详见唑吡坦 1→2 的机理。

2→3：水解，机理略。

3→4：水解。

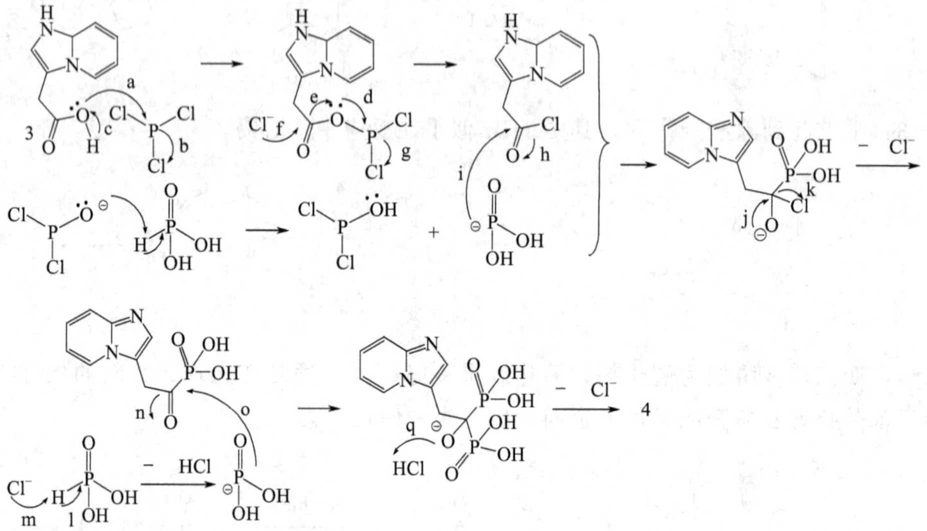

利塞膦酸钠

合成路线：

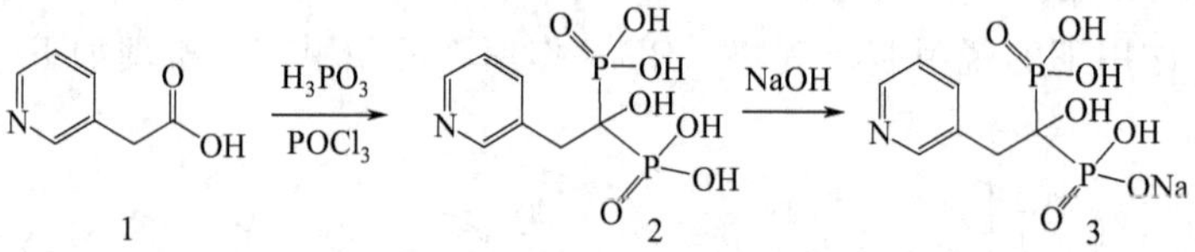

参考文献：周伟澄主编．高等药物化学选论［M］．北京：化学工业出版社，2006：512.

【机理分析】

1→2：参见米诺膦酸的合成机理。

2→3：成盐，机理略。

伊班膦酸钠

合成路线：

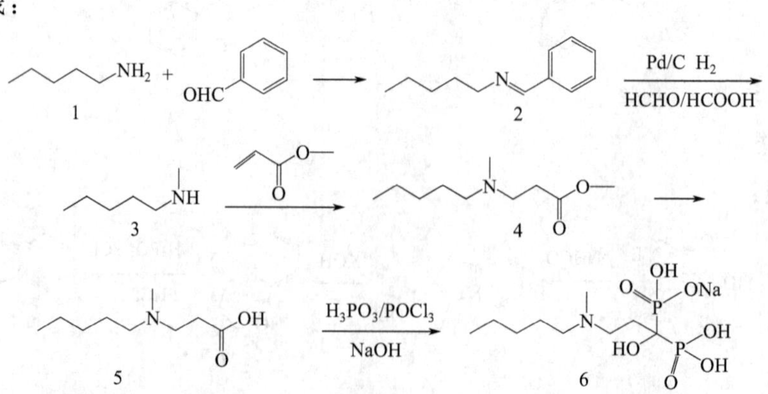

参考文献：周伟澄主编．高等药物化学选论［M］．北京：化学工业出版社，2006：512-513.

【机理分析】

1→2：席夫碱反应，机理略。

2→3：连续 3 个还原反应。

3→4：N 的烃化。

4→5：机理略。

5→6：机理略。

雷尼酸锶

合成路线：

参考文献：周伟澄主编. 高等药物化学选论［M］. 北京：化学工业出版社，2006：515.

【机理分析】

1→2：因伯胺 N 的孤对电子云向噻吩环共轭，N 的电子云密度降低，活性小。碱的目的在于活化氨基，使其变成 N 负离子，提升其电子云密度。

2→3：水解，络合，成盐，机理略。

第一节
脂溶性维生素

维生素 A

合成路线：

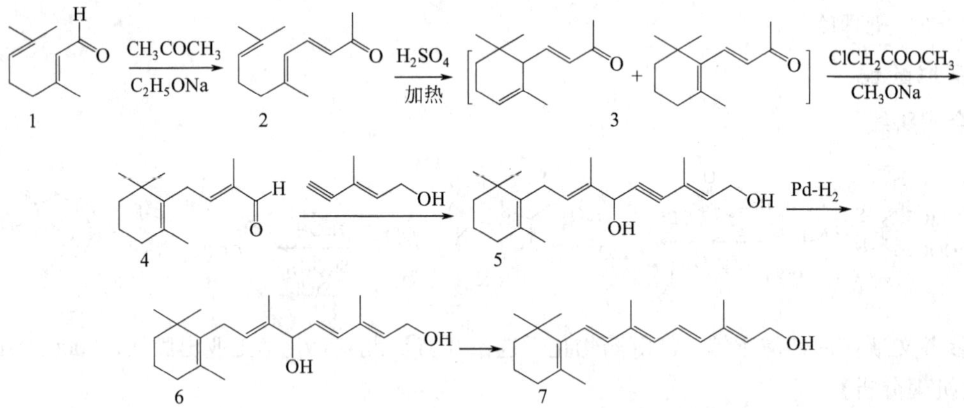

参考文献：

［1］ 郑虎主编．药物化学［M］．6 版．北京：人民卫生出版社，2010：417.

［2］ 吴立军主编．天然药物化学［M］．6 版．北京：人民卫生出版社，2011：237.

［3］ 韩长日，宋小平主编，药物制造技术［M］．北京：科学技术出版社，2000：253-256.

【机理分析】

1→2：羟醛缩合。

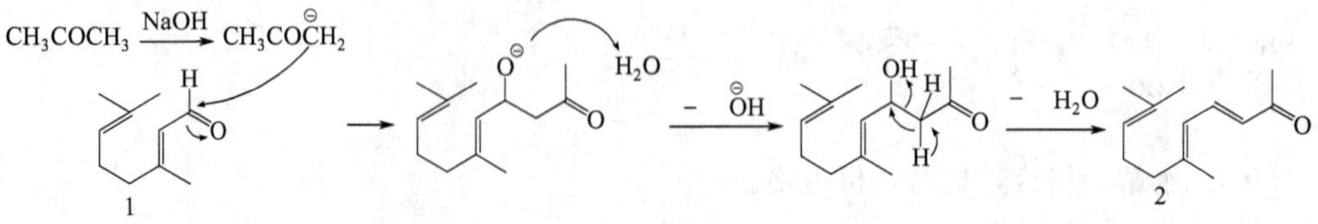

2→3：加酸关环重排。

3→4：Darzens 反应。

此外，也可参照盐酸多奈哌齐的同变醛的方法，机理如下。

4→5：

5→6：还原。

6→7：脱水重排。

依曲替酯

合成路线：

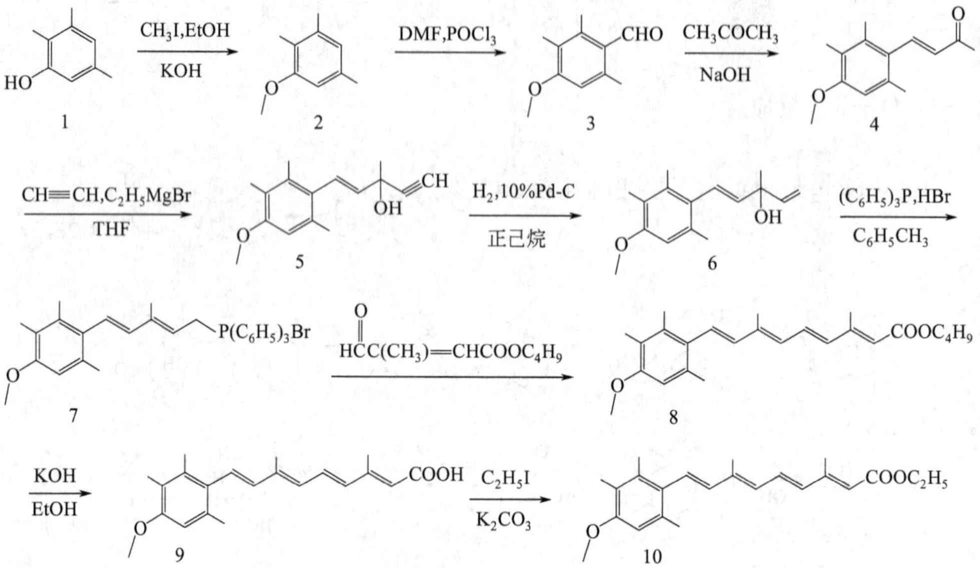

参考文献：陈芬儿．有机药物合成法［M］．北京：中国医药科技出版社，1999：42-45.

【机理分析】

1→2：甲基化。碱和酚羟基作用，产生氧负离子。碘甲烷可极化性大，碳带很强的正电荷，氧负离子进攻碘甲烷中代正电荷的碳，即得。机理略。

2→3：Vismeier-Haack 反应。

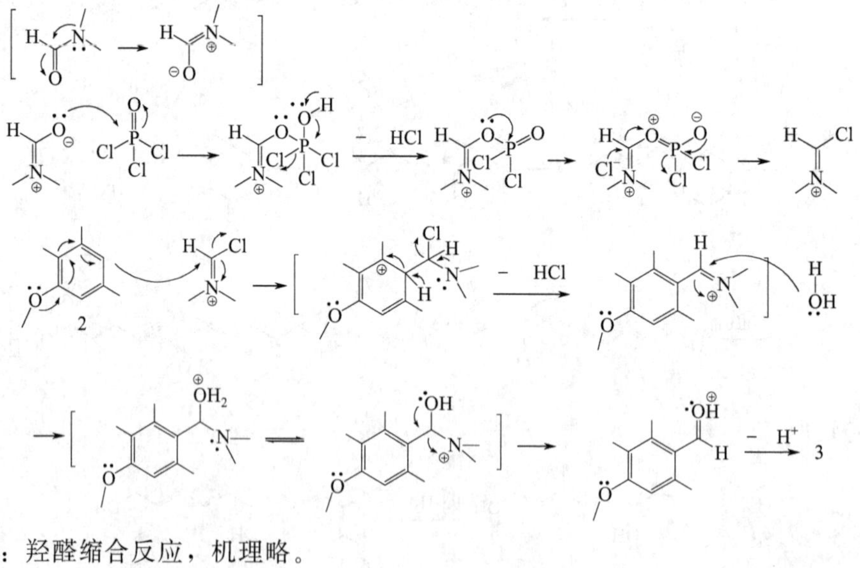

3→4：羟醛缩合反应，机理略。

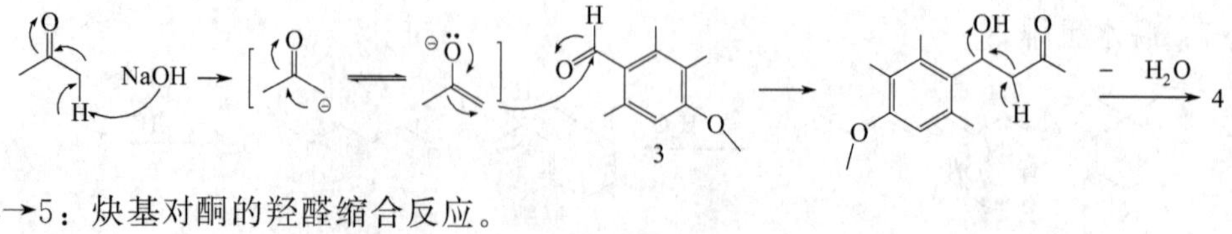

4→5：炔基对酮的羟醛缩合反应。

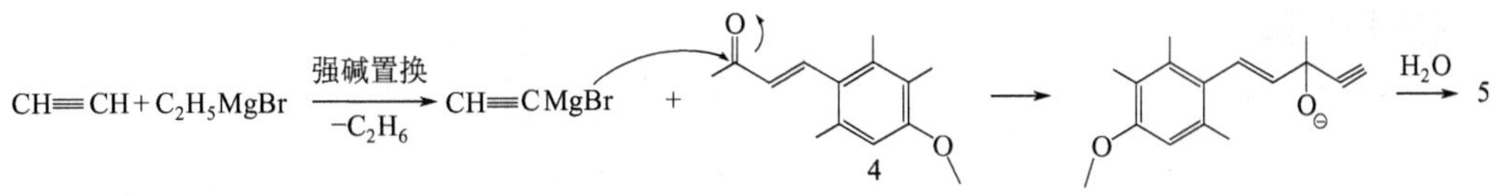

$$CH\equiv CH + C_2H_5MgBr \xrightarrow[-C_2H_6]{\text{强碱置换}} CH\equiv CMgBr + \;\cdots\;\longrightarrow\;\cdots\;\xrightarrow{H_2O} 5$$

5→6：还原反应，H·自由基还原，机理略。

6→7：脱水重排、C 的磷化反应。因三苯化磷的空间位阻，只能进攻末端双键。

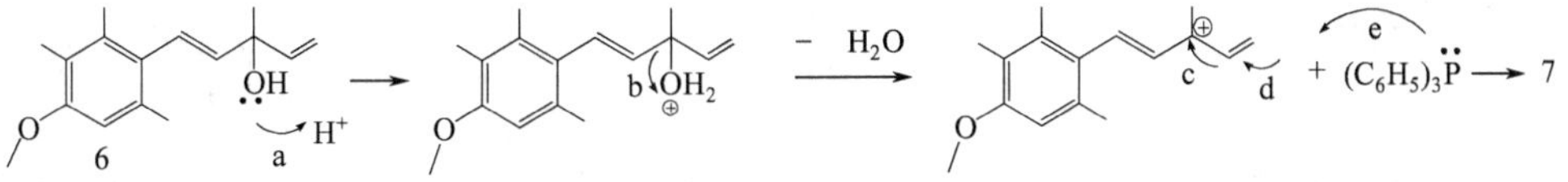

7→8：Wittig 反应。

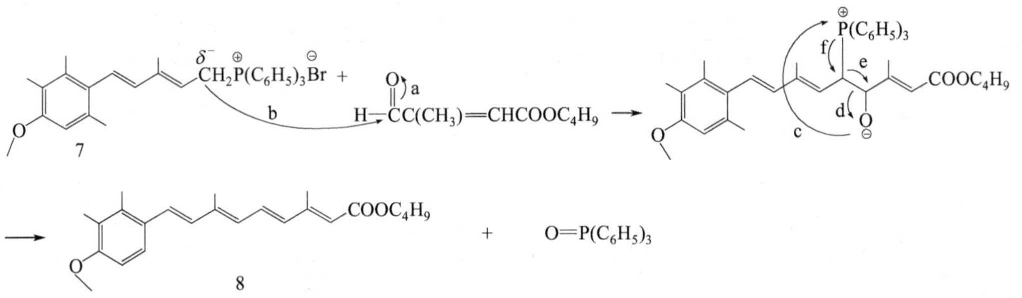

8→9：水解，机理略。

9→10：羧酸的乙基化反应，机理略。

异维 A 酸

合成路线：

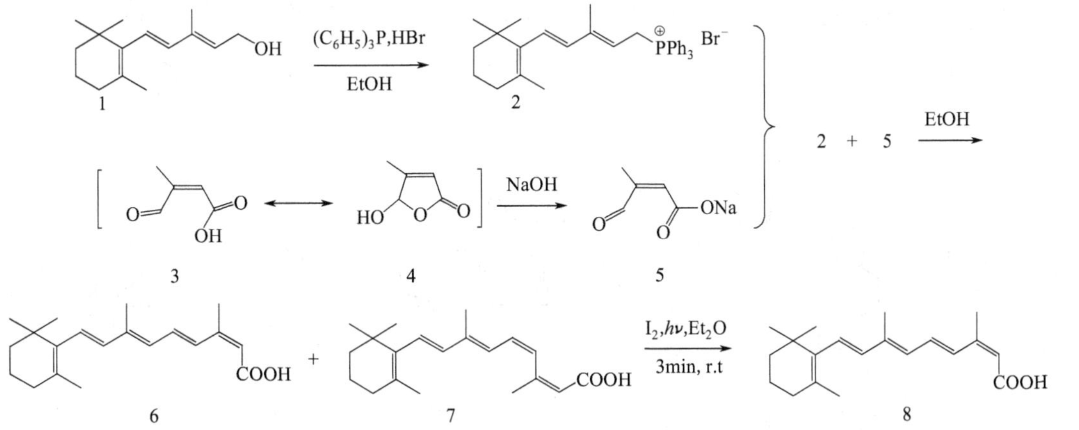

参考文献：Jie-Jack Li 等著 . 当代新药合成［M］. 施小新，秦川译 . 上海：华东理工大学出版社，2005：55-58.

【机理分析】

1→2：参见依曲替酯 6→7。

3→5：中和，防止形成内酯，机理略。

2+5→6+7：Wittig 反应。

6+7→8：顺反转变。8 在热力学上更稳定，因空间位阻小。加入碘催化，和双键加成，反式消除，加快转变速度。

阿法骨化醇

合成路线：

参考文献：陈芬儿. 有机药物合成法 [M]. 北京：中国医药科技出版社，1999：4-8.

【机理分析】

1→2：酯化、氧化、水解，Zn 作为还原剂。酯化反应主要起到保护 3-OH 不被氧化成酮。该机理比较复杂，存在多机理相互竞争。硝酸氧化胆固醇，产生的亚硝酸仍具有氧化性，参与氧化。

2→3：缩酮反应，机理略。

3→4：氧化。

4→5：α-溴代。乙酰胺主要提供 H⁺，起到 H⁺ 催化作用。机理略。

5→6：消除。

6→7：氧化。

7→8：还原，机理略。

8→9：酰化，机理略。

9→10：酯的醇解、缩酮水解，机理略。

10→11：酰化，机理略。

11→12：还原，机理略。

12→13：羟基消除。

13→14：烯丙位溴代，自由基反应。

14→15：烯丙位溴代的消除，磷酸三甲酯提供电子，通过六元环过渡态，消除。

15→16：开环、重排，机理略。

16→17：利用反式热稳定性高于顺式，顺反结构转变，机理略。

17→18：两个酯键水解。酯键水解并无先后顺序，是一种竞争关系。

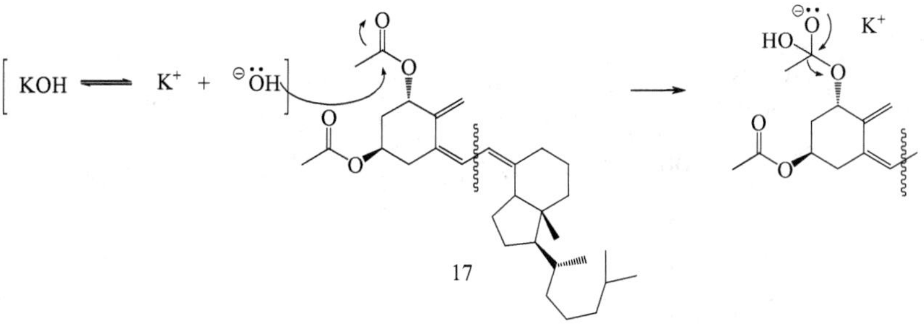

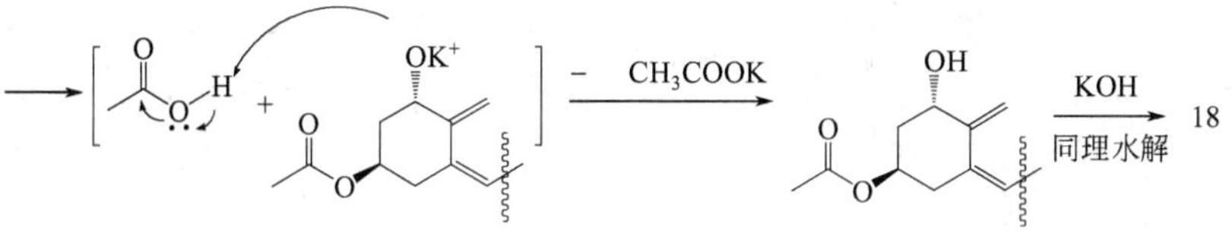

骨化三醇

合成路线：

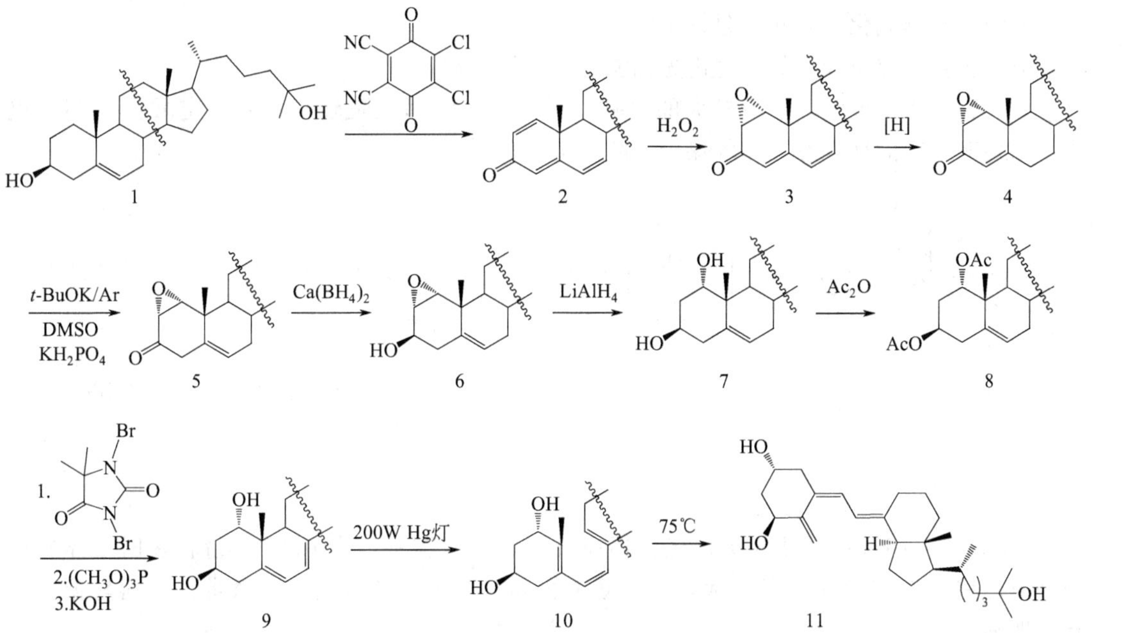

参考文献：周伟澄主编. 高等药物化学选论［M］. 北京：化学工业出版社，2006：506.

【机理分析】

1→2：脱氢。DDQ（2,3-二氯-5,6-二氰基-1,4-苯醌）参与反应，存在多种机理，各机理间存在竞争。本文对自由基反应进行主要阐述。反应优先顺序是：位阻较小的基团优先反应，在此基础上，自由基稳定性高的优先反应。

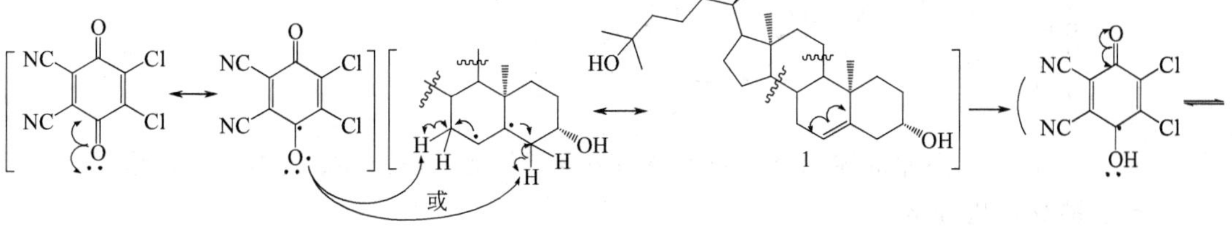

2→3：双键氧化，空间位阻较小的优先，机理略。

3→4：空间位阻较小的双键优先加氢还原，机理略。

4→5：叔丁醇钾是个位阻较大的强碱，用于脱去空间位阻较小的有一定酸性的 H。提供了活性亚甲基的稳定态。氩气保护，防止负电荷氧化。

5→6：$Ca(BH_4)_2$ 体积较大，优先还原位阻较小的羰基，当 $CaBH_4$ 量较多时，亦能还原环氧乙烷。Ca 的原子半径较大，吸电子能力弱，与环氧乙烷络合，氧带正电荷较低，开环不明显。

6→7：$LiAlH_4$，还原剂体积小，先和羟基络合，从面上还原环氧乙烷，机理略。

7→8：酰化，机理略。

8→9：参见"阿法骨化醇"下面的 13→15。

9→10：开环。

10→11：重排。

维生素 E 醋酸酯

合成路线：

参考文献：郑虎主编．药物化学［M］．6 版．北京：人民卫生出版社，2010：422-425.

【机理分析】

1→2：碳的烃化，O 的烃化，脱水，关环。

2→3：O 的酰化，Zn 起到还原，保护。

易被氧化，Zn 起还原剂

$$Zn + CH_3COOH \longrightarrow H_2 + (CH_3COO)_2Zn$$

维生素 K_2

合成路线：

参考文献：杨灵莉．维生素 K_2 的合成方法研究［D］．重庆：重庆大学化学化工学院，2012.

【机理分析】

1→2：铬酸氧化，机理略。

2→3：醌的还原。

3→4：傅克烷基化。

4→5：对二酚的氧化。先络合，自由基氧化。

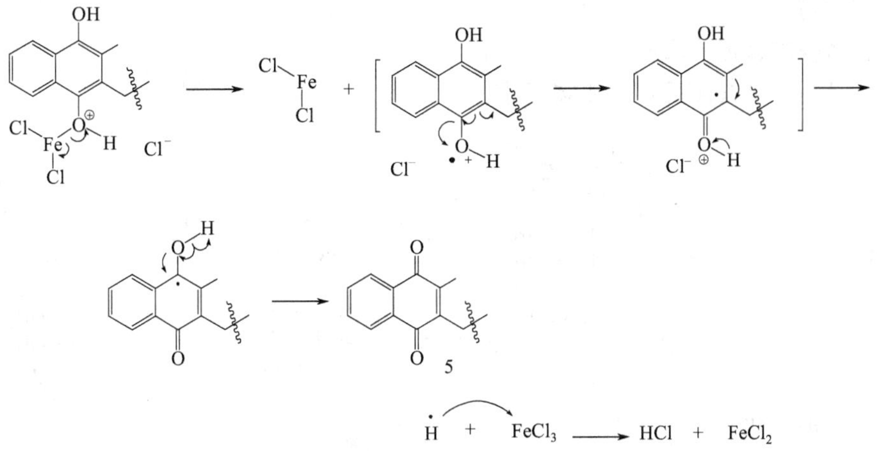

$$\overset{\cdot}{H} + FeCl_3 \longrightarrow HCl + FeCl_2$$

第二节
水溶性维生素

维生素 B₂

合成路线：

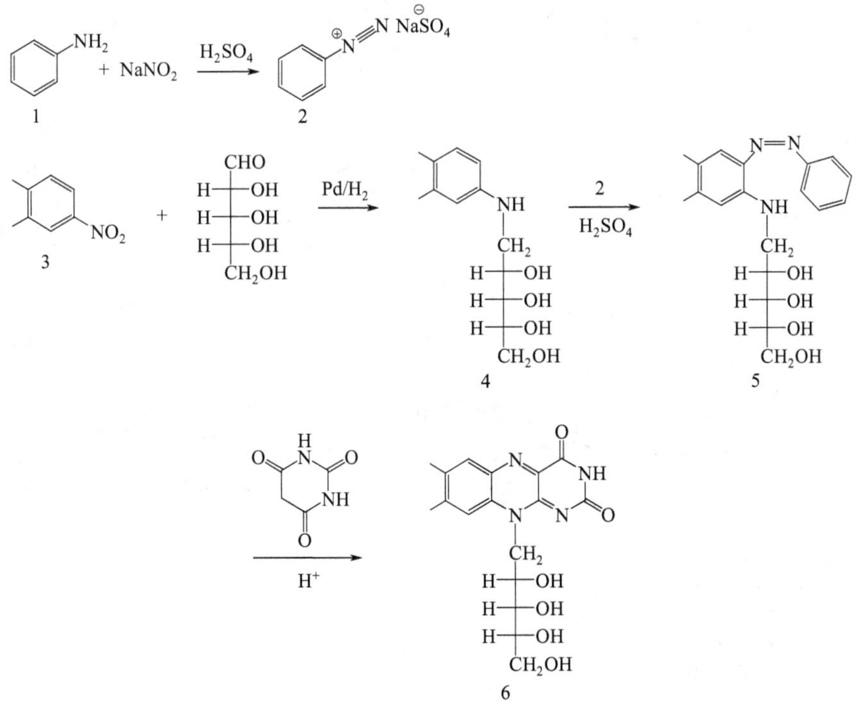

参考文献：陈克喜. 一锅法合成仲胺化合物及维生素 B₂ 的合成研究 [D]. 杭州：浙江工业大学，2007：72.

【机理分析】

1→2：芳伯胺重氮化反应。

3→4：还原，席夫碱反应，亚胺还原。

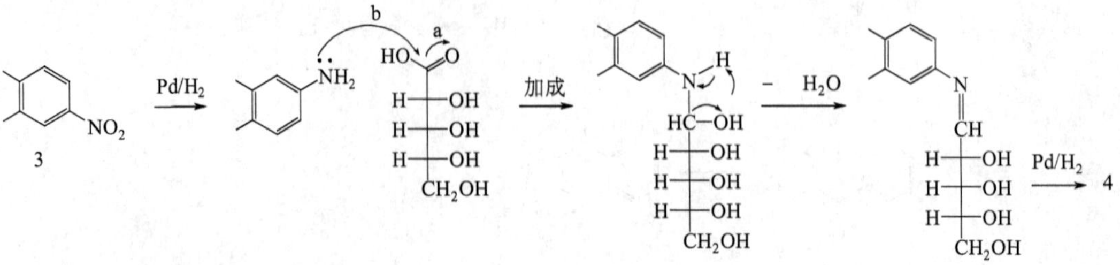

4→5：N 的烃化。

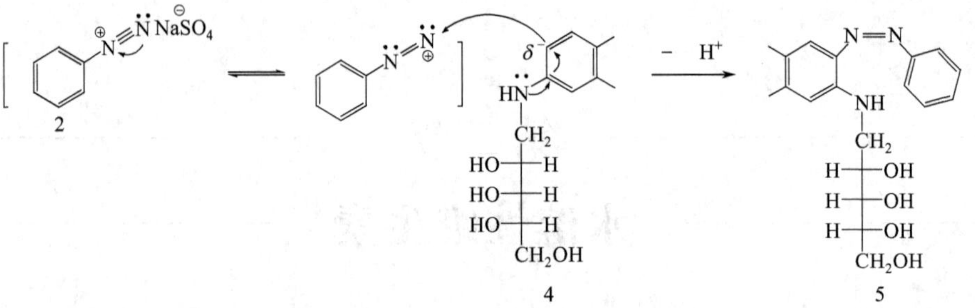

5→6：碳的胺化（亚胺开解）、席夫碱反应，关环，脱水。

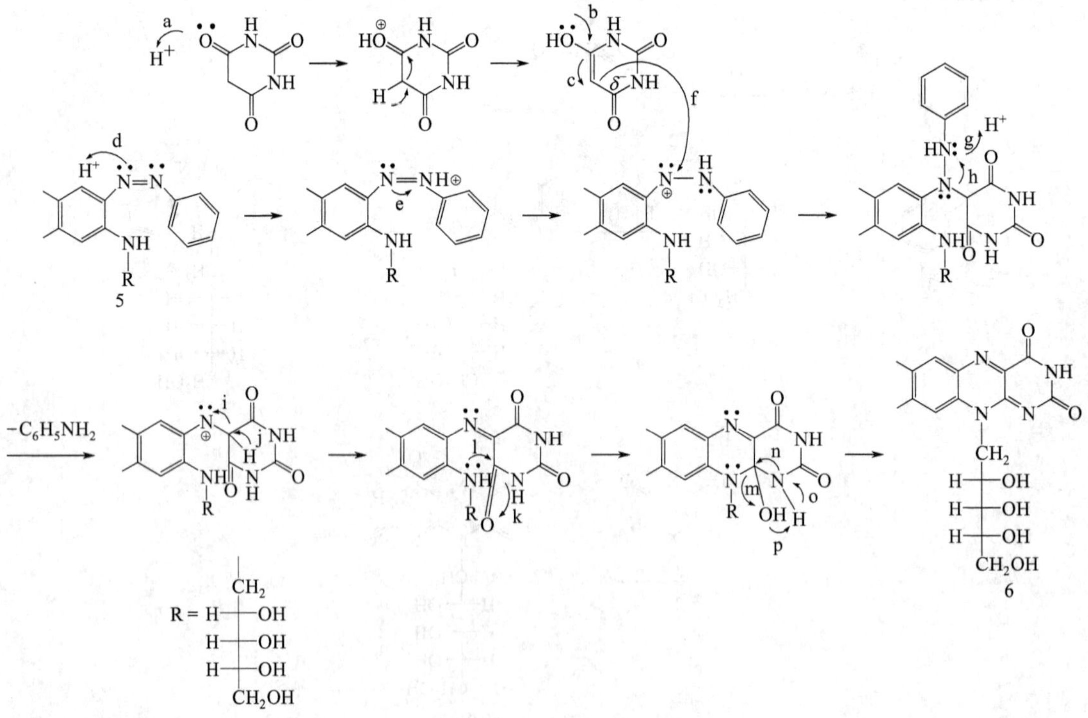

吡哆醇

合成路线：

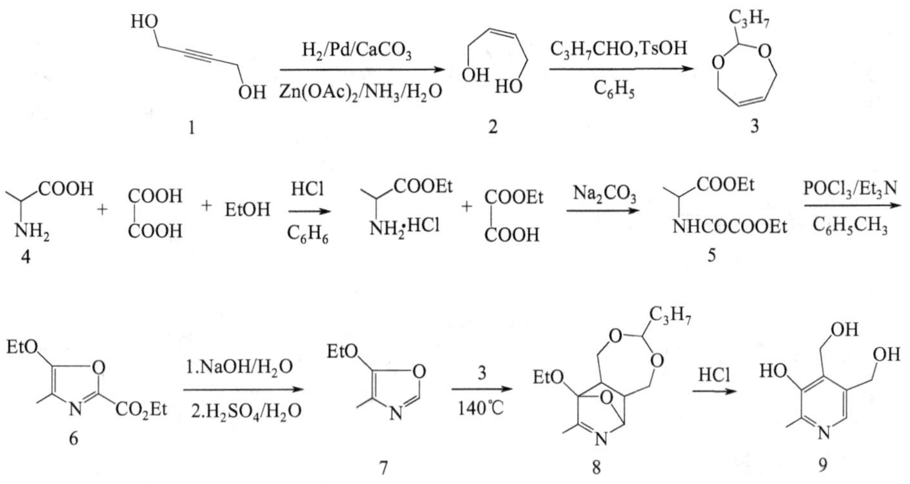

1　　　　　　2　　　　　　3

4　　　　　　5

6　　　　　　7　　　　　　8　　　　　　9

参考文献：［1］周后元，方资婷，叶鼎彝，等．维生素 B$_6$ 噁唑法合成新工艺［J］．中国医药工业杂志，1994，(25) 9：385-388.

【机理分析】

1→2：还原反应，H·自由基还原，机理略，醋酸锌主要起到络合作用，便于生成顺式的丁烯二醇。

2→3：缩醛反应，机理略。

4→5：酯化反应。多次酯化。

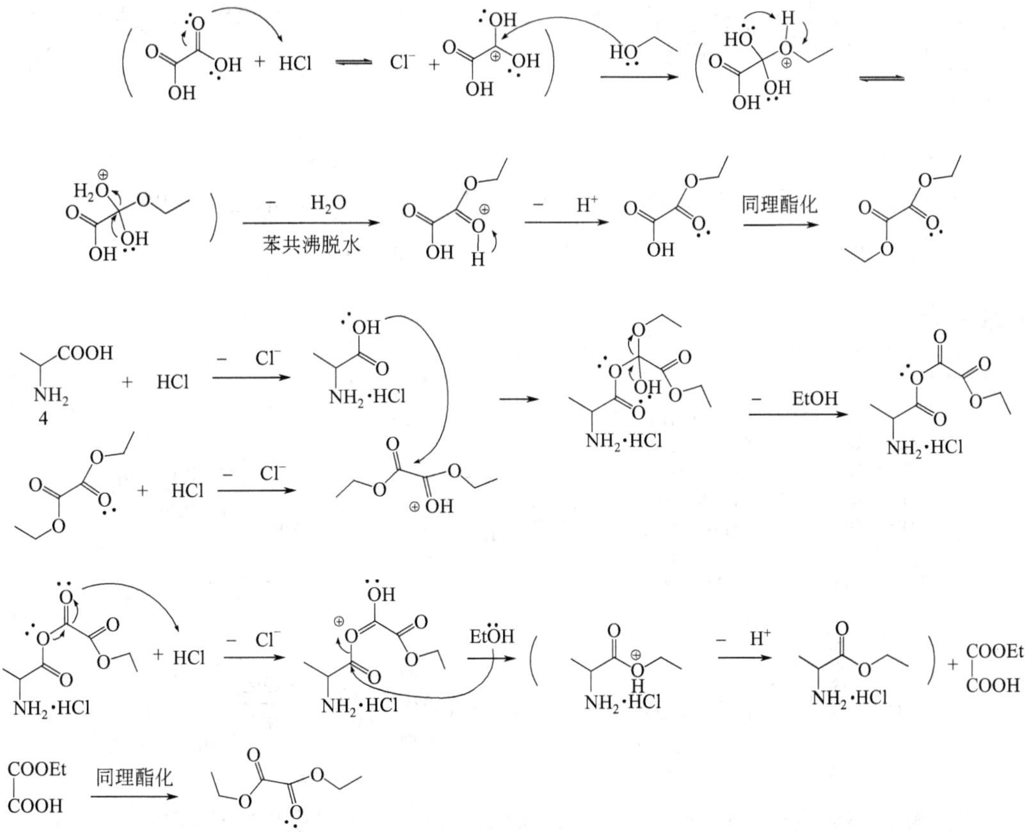

4

5→6：酰胺氯化、关环，脱 H^+。

6→7：水解，脱羧。

7→8：Dies-Aler 反应，机理略。

8→9：缩醛水解、醚键水解、脱乙基、重排。

维生素 C

合成路线：

参考文献：郑虎主编．药物化学［M］．6 版．北京：人民卫生出版社，2010：428．

【机理分析】

1→4：机理略。

4→5：缩酮。

5→6：醇的氧化。

6→8：略。

维生素 H（生物素）

合成路线：

参考文献：

[1] 郑虎主编．药物化学［M］.6 版．北京：人民卫生出版社，2010：429-430.

[2] 雷毅．生物素的全合成及其结构—功能关系研究［D］．杭州：浙江大学，2004：11.

[3] 钟铮，武雪芬，陈芬儿．生（＋）-生物素全合成研究新进展［J］.有机化学，2012，

【机理分析】

1→2：碳的溴化、N 的烃化、脱水。

2→3：甲醇的酰化。

3→4：

4→5：

5→6：

6→7：Pd-C 催化还原，自由基还原；酯键水解，丙二酸脱羧，机理略。由于苄基的空间位阻，Pd 从面前进攻双键进行还原，得到的是面后还原产物。

$$HCOONH_4 \rightleftharpoons HCOO^{\ominus} + NH_4^{+} \rightleftharpoons \ddot{N}H_3 \uparrow + HCOOH$$

$$HCOOH + \dot{Pd} \rightleftharpoons Pd\!-\!H + (HCO\dot{O} \longrightarrow CO_2 + \dot{H})$$

维生素 M（叶酸）

合成路线：

参考文献：韩长日，宋小平主编，药物制造技术［M］. 北京：科学技术出版社，2000：256-259.

【机理分析】

1→2：羧酸的氯化，机理略。

2→3：N 的酰化，MgO 主要起到除酸剂作用，机理略。

3→4：硝基还原，硫铵主要起到还原剂作用，机理略。

4→5：N 的烃化，席夫碱反应，N 的烃化。